世界知名建筑师的提案策略

让甲方选中你的 15 个秘诀

[日]守山久子 著　　[日]日经建筑 编　　牛晓琳 译

U0222241

江苏凤凰科学技术出版社

图书在版编目（CIP）数据

世界知名建筑师的提案策略 ：让甲方选中你的15个秘诀 ／（日）守山久子著；
日本日经建筑编 ；牛晓琳译.
— 南京 ：江苏凤凰科学技术出版社，2019.1

ISBN 978-7-5537-9660-4

Ⅰ. ①世… Ⅱ. ①守… ②日… ③牛… Ⅲ. ①建筑设计－设计方案 Ⅳ. ①TU2

中国版本图书馆CIP数据核字(2018)第209782号

江苏省版权局著作权合同登记　图字：10-2017-326

KENCHIKU PUREZEN 15 NO RYUGI HITO WO UGOKASU MISEKATA
TSUTAEKATA by Hisako Moriyama, Nikkei Architecture.
Copyright ©2016 by Hisako Moriyama. All rights reserved. Originally pub-
lished in Japan by Nikkei Business Publications, Inc. Simplified Chinese
translation rights arranged with Nikkei Business Publications, Inc. through
Tuttle-Mori Agency, Inc.

世界知名建筑师的提案策略　让甲方选中你的15个秘诀

著　　者	[日]守山久子	
编　　者	[日]日经建筑	
译　　者	牛晓琳	
项目策划	凤凰空间／陈舒婷	
责任编辑	刘屹立　赵　研	
特约编辑	陈舒婷	

出版发行	江苏凤凰科学技术出版社
出版社地址	南京市湖南路1号A楼，邮编：210009
出版社网址	http：//www.pspress.cn
总 经 销	天津凤凰空间文化传媒有限公司
总经销网址	http：//www.ifengspace.cn
印　　刷	天津图文方嘉印刷有限公司

开　　本	710mm×1000mm　1／16
印　　张	14
版　　次	2019年1月第1版
印　　次	2024年1月第2次印刷

标准书号	ISBN 978-7-5537-9660-4
定　　价	88.00元

图书如有印装质量问题，可随时向销售部调换（电话：022-87893668）。

前　言
从"说服"到"共享"

建筑物的设计者在实现大胆创意、解决复杂难题的过程中，是如何"说服"客户及相关人士的呢？

日经建筑以此为出发点开始了连载企划"打动人心的说明展示"，而本书则是对该企划重新编撰后的集大成之作。本书将为您介绍活跃在第一线的 15 组设计者，他们有的率领自己的工作室事务所，有的则从属于大型设计事务所或建设公司设计部。每组的前半段通过事例学习深挖 1 个项目的实现过程，而后半段则总结了各设计者说明展示的窍门三要素的风格。

通过采访，我们发现，无论哪一栋建筑物，设计者绝不会仅仅是为了"说服"客户而进行说明展示。共通的态度是设计者与业主通过交流而找出能够"共享"的价值。这种意识的共享才是打动与项目相关人士的原动力。

纵观近年来公共建筑的状况，我们不难发现，设计者只靠热情是无法推动工作进展的。建筑使用者参加型的设计变得不再稀奇，各种场合下，要求设计者履行说明责任的机会也越来越多。相关人士与设计者之间哪怕存在一点意识的不同，之后都可能会引起巨大的问题。为了建造出让大家满意、甚至爱上的建筑设施，设计者必须比以往更加重视与客户及使用者之间的关系，找出相关人士的需求，这对设计者说明展示的能力有很高的要求。

在本书中登场的说明展示可谓丰富多彩。不同的设计者有不同的方法。例如，有的设计者一开始就会展示出具象化的空间形象，一边激发客户的想象力，一边向目标靠近。而有的设计者则故意在开始时用简洁的手法表现视觉要素，重在引出客户的潜在要求。还有的设计者会根据建筑物的种类、规模、背景等要素进行多种尝试，时而表达自己的想法，时而引出客户的需求，以此来实现建筑的概念。

本书从 3 个章节介绍了 15 组设计者的说明展示，分别是"'意见一致'的过程""获得'认可'的技巧"以及"'获得信赖'的秘诀"。读者不仅会从这些事例中看到设计者的绘画技巧及交流技巧，甚至能窥探到每个设计者独有的处事"哲学"。希望本书能为读者提供灵感。

目　录

第1章

"意见一致"的过程

　　本章将介绍设计者在面对设计方案的反对意见、复杂的利害关系、可以获得的信息，以及日程安排的制约等诸多要素时，如何设计出令各方都满意的方案。

隈研吾
隈研吾建筑都市设计事务所

事例学习
长冈活动中心：
布局突破常规，克服议会传讯实现方案

风格
"让步、贯通"软硬兼施，双管齐下
- 获得"支持者"
- 有勇气"舍弃"
- 明白逆境是统一意见的好时机

隈研吾：1954 年出生于日本横滨市。1990 年创立隈研吾建筑都市设计事务所。
2009 年开始在日本东京大学任教授。著有《十宅论》（1986 年，TOSO 出版）、《负
建筑》（2004 年，岩波书店）等多部作品。现在正接手"新国立竞技场"、巴黎郊外的"圣
丹尼斯普莱耶尔站"等深受世界瞩目的项目。

长冈活动中心：
布局突破常规，克服议会传讯
实现方案

事例
学习

长冈活动中心的屋顶式广场（照片：长冈市提供）

2012 年 4 月，位于新潟县长冈市的长冈活动中心正式开馆。这是一座复合式建筑，其屋顶式广场 "NAKADOMA" 成为社会关注的焦点。在广场内，人们可以看到一部分玻璃构建的会议厅、市政厅与会馆入口并列在一起。隈研吾先生回忆道："长冈市以市民协作为目标，长冈活动中心则是象征其市政厅的建筑，为此我提出了将会议厅建在一楼并面向广场的方案"。

会议厅的对面就是便利店，人们围坐在露天桌椅前谈笑风生。这个打破常规的设计方案，克服了议会的反对意见才得以实现。

人生第一次议会传讯

在 2007 年举办的设计比赛中，隈研吾建筑都市设计事务所提出了以屋顶式广场为中心的方案，并被选为设计者。但在此阶段的设计中，会议厅尚被安排在最高层。

长冈活动中心

所在地：	新潟县长冈市大手通1-4-10
主要用途：	市政厅、剧场、多功能会馆、停车场
地域、地区：	商业地域、防火地域、多雪地区
建蔽率：	81.81%（容许100%）
容积率：	205.75%（容许600%）
基地道路：	东北36m
停车车数：	103辆
用地面积：	14 936.81 m²
建筑面积：	12 073.44 m²
展开面积：	35 492.44 m²
（不计算在内部容积率的部分为4 754.5 m²）	
结构：	混凝土，部分钢，部分预应力混凝土
层数：	地下1层、地上4层
客户：	新潟县长冈市
设计管理者：	隈研吾建筑都市设计事务所
设计合作者：	江尻建筑结构设计事务所（结构）
	森村设计（设备）
施工者：	大成建设、福田组、中越工业、
	池田组JV
运营者：	长冈市
设计时间：	2007年11月 — 2009年9月
施工时间：	2009年11月 — 2012年2月
开馆日：	2012年4月1日

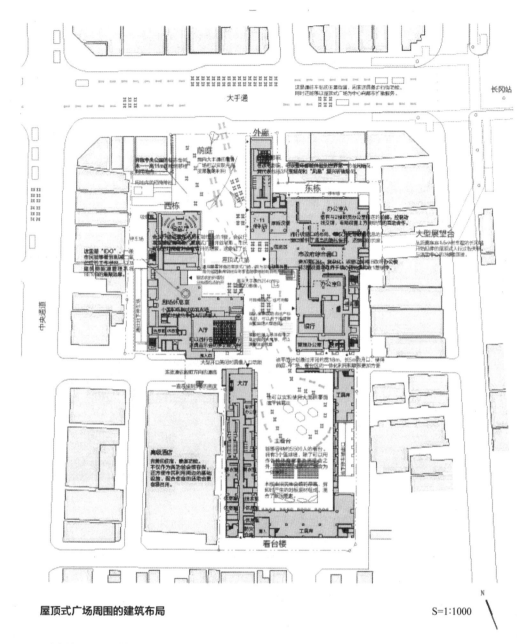

屋顶式广场周围的建筑布局

S=1:1000

已完成的长冈活动中心的布局1楼平面图。计划从四周的道路导入动线至屋顶式广场。广场周围是市政府办公楼、会议厅和看台楼（资料：直至15页内容由限研吾建筑都市设计事务所提供）。

面向议会的方案说明、市民研讨会与设计同时进行

从竞赛到开馆的经过。左侧主要为面向议会相关人员的说明展示，右侧
是与市民研讨会相关的内容。照片是开馆后屋顶式广场的热闹场景（资
料：以隈研吾建筑都市设计事务所与长冈市的资料为基础制作而成。照
片：隈研吾建筑都市设计事务所提供）。

　　隈研吾于 2008 年 4 月向市里提交了基本
设计方案。在这一方案中原本定于最高层的会
议厅被挪到了一楼。他说："进行基本设计的
时候概念也在不断具体化，自然就想到了将会
议厅设置在面向市民聚集的屋顶式广场。"然而，
"设计的时候没想到后来为了实现这一方案却
几经周折"。

　　将会议厅设置在一楼的方案，在议会引起了
轩然大波。一般情况下，会议厅都在建筑物的最
高层。而且这与选定竞赛方案前，设计者向市议
会的委员会提出的"一楼为市民活动区域，会议
厅设置在中高层"的提议也不相符。长冈市议员
虽然调查了是否有先例，但却未能找到与此同规
模或以上的建筑将会议厅设置在一楼的案例。

会议厅移至1楼

提出"身边的议会"方案

完成后的会议厅，透过玻璃与广场连为一体

在设计竞赛之后的基本设计阶段，会议厅的位置被移至一楼。会议厅透过玻璃与屋顶式广场连为一体。上图是竣工后的会议厅（照片：连同14页的照片均为藤塚光政提供）。

平日里热闹非凡的广场

建筑物中心的屋顶式广场投入使用后的场景。被大屋顶覆盖的广场的对面，是市政府的入口和会议厅入口。市民交流会馆、市长室等则在通风口上部突出的位置。

阐述"前例"消除担忧

议员协商会要求设计者说明将会议厅设置在一楼的理由。隈研吾于 2008 年 5 月，收到了人生第一次"传唤"。回忆当时的情况，他表示即便习惯了向市民说明设计意图，但在只有被叫到名字才能发言的独特场合，"也是挺紧张的"。

尽管如此，隈研吾还是像往常一样说明了设计的初衷。

"面向屋顶式广场的玻璃构建的会议厅，象征着'开放的议会'。这不管对议会还是对市民来说都具有极其重要的意义。原本长冈市就主张开放的议会，所以这样的设计也使我们拥有与目标方向一致的自信。"

但是，传讯并没有结束。2008 年 9 月，隈研吾再次被叫到了议员协商会。有了森民夫市长的支持，第二次传讯中隈研吾也没有妥协。他一边对比将会议厅设置在二楼的方案，一边说明一楼方案的优点。例如一楼方案比起二楼方案，更能提高位于三楼的议会相关办公室的安全性，并且一楼屋顶式广场的面积会变得更宽阔等。

同时他还介绍了其他国家的案例。例如伦敦市政厅能够在环绕通风口的螺旋式楼梯上俯视会议厅，德国国会大厦的玻璃穹顶等。隈说："没有前例任何人都会感到不安。只要说明世界建筑的方向性，并传达出我们的方案正是根据潮流所设计的话，就会消除对方的担忧了。"

议员协商会结束后，隈研吾选择了等待。当初的预定是必须从 2008 年 10 月开始实施计划。事务所的员工虽然焦急，但也在可行范围内提前展开了工作。"并不是所有的事都要当机立断。表达内心所想之后，也要给对方考虑的时间，耐心等待同样重要"。

展示1楼布局的优势

展示海外的"先例"，让客户安心

德国联邦议会大厦，玻璃构建的半圆形屋顶内，人们可以从螺旋状阶梯俯瞰会议厅。该建筑由诺尔曼·福斯特设计改建，于1999年完成。（照片：本书编委会提供）

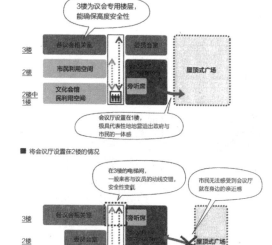

3楼为议会专用楼层，能够保高度安全性

会议厅设置在1楼，极具代表性地营造出政府与市民的一体感

■ 将会议厅设置在2楼的情况

在3楼的电梯间，一般来者与议员的动线交错，安全性变低

市民无法感受到会议厅就在身边的亲近感

如果将市民活动空间全部设置在1楼，就会减小屋顶式广场的面积

在议员协商会上使用的资料中，隈研吾说明了将会议厅设置在1楼的优势。他利用颜色不同的图示与对话框，集中展示了对议会和市民的好处。

语言补充使用效果

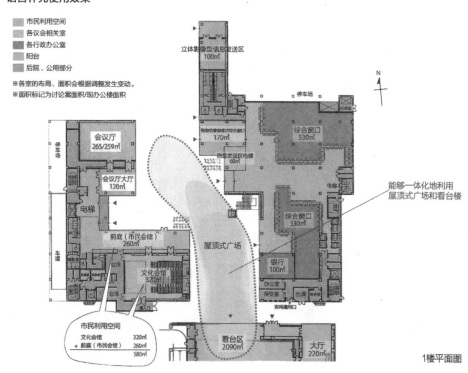

1楼平面图

研讨会让市民感动亲切

通过微小联系拉近"当事人"距离

在隈研吾向议会说明设计意图的同时，长冈市还多次举办了市民研讨会。2008 年 4 月初，当地大学建筑专业的学生聚集在一起，按照 1 : 50 的比例制作了建筑模型。4 月下旬，举行市民研讨会，利用该模型思考活动中心的使用方法。

隈研吾也出席了研讨会，与参加者随意交谈。他表示："即便是很小的接触点也可以，重要的是为广大市民创造出接触的机会，让更多的市民具有当事人意识，因此在这样的场合，本人亲自露面是很重要的。"

市议会议员也观摩了研讨会。隈研吾说："市民与设计者热心交流的场面，虽然不是我们刻意去营造的，但也有某种宣传效果。"

终于，议会行动了。2008 年末，议员中对方案有意向的十几人到访了位于东京港区的隈研吾建筑都市设计事务所。他们在事务所讨论数小时后，夜晚又移步居酒屋继续讨论。但并没有得出什么特别的结论，只是大家敞开胸怀畅谈了一番。那时隈研吾感觉到，"感觉要成功啊"。

次年初，即 2009 年 1 月 8 日，在市里召开的议员评议会上，正式通过了将会议厅设置在一楼的基本设计方案。方案的实施，就此展开。

客户的感想

森民夫
（长冈市长）
一心为了客户

将会议厅设置在一楼是个很新锐的方案，说实话，我当时的想法是，有必要做到这种程度吗？但如果实现了的话就有趣了。我打算支持这个方案，所以在议员协商会上叫了隈先生来进行说明。设计者满怀信念的说明具有很大意义。比市长说明更有说服力。

我们要求设计者所具有的重要素质中，就有交流能力。这在政界也是同样的道理，必要的是引发对方内心的强烈愿望，并深化对此的理解能力。这时不停留在对方话语的表层意思，探寻其真正含义是十分重要的。只要抓住真正的含义，就一定能想出解决对策来。在这一点上，我感受到了隈先生是一心为客户做事的人。

与学生一起制作模型

研讨会上,事务所职员与学生一起制作了1:50的模型,并用它与市民思考了活动中心的使用方法。之所以使用模型,是因为"只靠语言来推动交流的话,语言很容易变抽象"(隈研吾)。建筑记者中谷正人先生协助了本次活动(照片:隈研吾建筑都市设计事务所提供)。

"让步、贯通"软硬皆施，双管齐下

风格

获得"支持者"

隈研吾在作品尚少的三十几岁就作为"建筑界的辩论家"而出名。说到辩论家，大家的印象或许是以理论为武器，不断阐述自我主张的人。但隈研吾在介绍方案时，会更加注意听者的立场和反应，而非一味地展开理论。

隈研吾最为注重的，是"如何增加己方的伙伴"，也就是获得"支持者"。在改建旧歌舞伎座时，歌舞伎表演者中村勘三郎先生（已逝）就为他的"GINZA KABUKIZA"计划给予了大力支持。

歌舞伎座与 KS 建筑资本特殊目的公司是该项目的客户，隈研吾事务所与三菱地产设计公司共同负责设计与监督管理。那时，在众多相关人员面前，隈研吾感受到了一种"设计者语言混乱的话就会引起他们的防范"的气氛。另外，隈研吾一行人计划在高层建筑的低层部分沿袭旧建筑的屋顶和主立面，这在一开始遭到了行政部门的反对，而行政部门正是决定缓和容积率的关键。

在此情况下对计划表示支持的，正是隈研吾的旧交勘三郎先生。隈研吾回忆道："勘三郎先生对新歌舞伎座的期望比任何人都要强烈，他在很多场合都表达了支持计划的想法。多亏了勘三郎先生，使用新歌舞伎座的表演者们形成了一条共同战线来支持我们。""设计者即使孤军奋战也会迎来极限，正是因为有了理解我们的援军，计划才能顺利进行。"

当然，强有力的援军未必就一定是熟人或名人。"重要的是，能看清谁才是项目的主轴或影响力大的人，然后请他站在我方阵营中。"比如公共建筑，让行政的负责人成为己方伙伴就有利于推动计划进行。

说服对方成为己方伙伴的方法，就是"用简单易懂的方式向对方说明，因为信息基本都是一对一传递的。"

GINZA KABUKIZA

所在地：	日本东京都中央区银座
主要用途：	事务所、剧场、店铺、停车场
用地面积：	6995.85 m²
建筑面积：	5905.62 m²
展开面积：	93530.40 m²
结构：	钢（地上），钢筋混凝土（地下）
层数：	地下4层，地上29层
客户：	歌舞伎座
	KS建筑资本特殊目的公司
设计管理者：	三菱地产设计公司
	隈研吾建筑都市设计事务所
施工者：	清水建设（建筑）
竣工：	2013年2月

继承风格，更新功能

2013年春季竣工时的外观与内景。内部的剧场部分通过减少座席、拓展空间等，提高了舒适度。

在改建旧歌舞伎座的计划中，隈研吾与三菱地产设计公司共同负责设计。上层部分是办公室，低层部分则是继承了旧歌舞伎座风格的剧场。剧场部分，一方面完善了座席舒适度和舞台装置，另一方面忠实地再现了唐破风屋顶等建筑风格。

例如，要避免给对方一种"说到底这人还是设计师"的印象。"人们通常会认为设计者总是使用难懂的词汇，思维模式也都是设计优先。为了不给对方造成这种印象，尽量使用浅显的表达方式，阐述设计的实用性及预算方面的优点等"。通过介绍成功的先例等，提供能让对方安心的信息也是极为重要的。

话虽如此，说话者很难判断自己所阐述的内容是否浅显易懂。所以隈研吾在向客户说明之前，会先让事务所的负责人对自己进行一次项目说明。这样一来，"让自己站在听者的立场上，就能够客观地感受'这种宣传方法很有效''那种说明方法不易理解'了。"

说明的内容不要包含过多信息，要有张有弛、突出重点。与此同时，"要反复陈述重点。听者并不是一直都能保持百分之百的集中力的。不厌其烦地重复重要内容也十分关键。"

有勇气"舍弃"

作为设计者，不能坚持自己的所有想法，舍弃一部分的决心有时也是必要的。

比如，经常有客户希望能够任用活跃在当地的艺术家。即使隈研吾感受到那位艺术家的方向和建筑的目的有所不同，他通常也会接受客户的要求。他觉得："随着工作的进展，我们之间也许会产生出更加积极的合作关系。"

但是，也不是说要接受客户所有的要求。设计者要优先考虑自己的方案内容，绝不让步，贯彻到底。从另一个角度来看，可以说接受对方的要求，是为了贯彻不能让步的部分。在刚才的事例学习中提到的"长冈活动中心"的设计，隈研吾坚持将会议厅设置在一楼面朝屋顶式广场的位置，而在其他可以缓和地方做出了退让。

隈研吾事务所还在竞赛中被选为"那珂川町马头广重美术馆"的设计者。隈研吾在前往入口的通道上有所坚持。他特意将入口设在了美术馆内侧的北面，而非正面的南面。入馆者从南侧前面的道路沿大型停车场进入，入口与建筑之间还相隔着一段距离。

在计划的过程中，相关人员提出了为何让入馆者绕道而行的疑问。他回答："将入口设置在正面的南侧确实是最直接的想法。但是美术馆的北面有一片开阔的深山，让入馆者一边欣赏风景一边进入，是我一开始就坚持的想法。"

除了坚持前往入口的移动路线外，隈研吾在展示空间的设计上几乎接受了客户的全部变更要求。他回忆道："我在便利程度的相关要素上反映了客户的要求。正是有了这种平衡，客户才接受了我从北侧入馆的想法。"

那珂川町马头广重美术馆

所在地：	栃木县那珂川町马头
主要用途：	美术馆
用地面积：	5586.84 m²
建筑面积：	2188.65 m²
展开面积：	1962.43 m²
结构：	混凝土，一部分钢
层数：	地下1层，地上1层
客户：	马头町
设计者：	隈研吾建筑都市设计事务所（建筑）
监督管理者：	隈研吾建筑都市设计事务所
施工者：	大林组（建筑）
竣工：	2000年3月

大量使用木质百叶窗
北侧外观和门厅。这是隈研吾积极采用天然素材的案例之一。

屋顶与外墙使用的是当地产的杉木，隈研吾将杉木进行远红外线烟熏热处理后，浸泡药剂，使杉木不易燃。在实现这一操作过程中，隈研吾请到了宇都宫大学的木材研究者安藤实先生来协助，并请其出席了说明展示会。隈研吾说："让专家本人来说明，比引用他的话语更具说服力。"

美术与音乐的复合建筑

大屋顶平缓地将音乐厅、美术馆与音乐学校连接在
一起。落叶松制木板按照黑白相间的图案排列（照
片：Nicolas Waltefaugle提供）。

明白困境是统一意见的好时机

　　项目不可能每次都一帆风顺。一旦出现困
境，设计者要做的就是将想法尽数表达，静静等
待。"不是只有说明设计方案的时候才是解说提
案。我认为解说提案，是包括说明前后过程在内
的'对时间的设计'。"

　　隈研吾在竞赛中赢得设计权的法国贝桑松
文化艺术中心，就是在设计过程中遭遇了困境。

　　市长热心计划了该项目，但情况却在隈研吾
事务所被选为设计者后发生了转变。当时新就任
的萨科齐总统实行缩小公共事业的方针，项目的
实施变得岌岌可危。连媒体也在批判新文化设
施的建设。

　　尽管如此，设计者想要实现项目的热情，将
与他们怀有同样热情的相关人士连接在了一起。
"之前我们并非团结如磐石，但在这之后我们一
下子就成为伙伴。"

　　尚处困境时就能够达到意见统一的话，在项
目实施阶段，就会进展迅速。最终的结果是，数
个文化设施相连，阳光透过连接空间影影绰绰，
一栋别致的建筑诞生了。

　　换个角度来看的话，"等待"的时间，也是
"共享目标的好时机"。

贝桑松文化艺术中心

所在地：	法国
主要用途：	中心地区现代艺术振兴基金（FRAC）、音乐学校
用地面积：	20 603 m²
建筑面积：	6 529 m²
展开面积：	11 389.00 m²
结构：	钢、混凝土
层数：	地上3层
客户：	贝桑松市城市社区，弗朗什孔泰地方评议会，贝桑松市
设计者：	隈研吾建筑都市设计事务所
设计合作者：	IOSIS（结构、设备）ARCHIDEV（地方建筑）
监督管理者：	隈研吾建筑都市设计事务所，ARCHIDEV
施工者：	SAS Laubeuf, Sodex Obliger（外墙）HEFI/Soprema（屋顶）Avenir Bois Structures（木材结构）
竣工：	2013年4月

原田哲夫
竹中工务店

事例学习
阿倍野 HARUKAS：
调整真实的利害关系，实现复合型超高层建筑

风格
积累认同，诞生新意

- 以追求"毫不动摇的目标"为出发点，而非"震撼"
- 按部就班正面出击是实现目标的捷径
- 模拟素材制造身临其境感

原田哲夫：1961 年出生于日本大阪府。1986 年日本京都大学研究生院的研究生课程
结束后，入职竹中工务店。2016 年起担任大阪总店设计部长。担任设计的有"HEP
FIVE"（1998 年）、"第二吉本大楼"等大阪梅田站周边的复合型商业设施，以及
"OMRON 草津事务所三号馆"（2006 年）、"阿倍野 HARUKAS"（2014 年）、"枚
方 T-SITE"（2016 年）等。

阿倍野HARUKAS：
调整真实的利害关系，实现复合型超高层建筑

事例
学习

看到设计者经过半年讨论提出的如今的方案时，阿倍野 HARUKAS 事业总部事业部部长、近畿日本铁道的中之坊健介感受到了成功的征兆，感慨道："终于形成了一个功能型方案"。

"阿倍野 HARUKAS"是大阪市的一栋超高层建筑，一部分呈阶段式后退状插入外部空间的桁架层。客户接受了其多凹凸结构的设计，认为其具有"功能型"建筑的特点。面对拥有不同要求的业主们，设计者为了获得认同而不断进行调整，经多次修改才有了今天的成果。

设计由竹中工务店（大阪市）的大阪总店设计部设计第六部长原田哲夫全权负责。"为了赶进程而缩减讨论时间的话，一定会出现破绽。一边确认实现目标的途径，一边探索能够让所有相关人员接受的方案，这样就能得出大家都认为'可行'的结果了。"原田哲夫将这个道理铭记于心，开始投身于这一复杂的项目。

连面积变化都用工程表图示

阿倍野 HARUKAS，集近畿日本铁道所有的铁路、物流、房地产、宾馆、休闲等核心事业为一体，目标是继北部的梅田、南部的难波之后"建设的大阪第三个中心地"。保留与大阪阿部野桥站并设的百货店新馆，把旧馆改建为地下 5 层、地上 60 层（高 300 m）的塔楼。中层以上有美术馆、办公楼、宾馆、展望台等。

近畿铁路接受了竹中工务店的开发提案后，计划开始实施。由于应用了都市改造特区制度，建筑的基准容积率从 800% 提高到了 1600%。项目涉及多位相关人员，从计划开始到 2014 年竣工，历时 7 年半。

其中最影响计划方向性的时期，是 2007 年春天起直至设施构成定型的那半年。

2006 年 10 月末，包括房地产、宾馆、物流等事业部门在内的近畿铁路集团与竹中工务店的负责人集合在一起，召开了项目启动会议。年内主要进行的是汇集各业主的要求和问题，2007 年开始就正式拟定方案。

在拟订具体方案阶段，首先遇到的问题就是项目的进度。

阿倍野HARUKAS

所在地：	大阪市阿倍野区
主要用途：	车站、百货商店、事务所、酒店、美术馆、展望台
地域、地区：	商业地域、防火地域·准防火地域、都市改造紧急扩充地域、停车场扩充地区
建蔽率：	87.04%（容许：90%）
容积率：	1164.07%（容许1179.8%）
基地道路：	西40 m，南6 m，北44 m
停车数：	190辆（塔楼）
用地面积：	28738.06 m²
建筑面积：	25013.19 m²
展开面积：	353393.32 m²
结构：	钢、钢筋混凝土
层数：	地下5层，地上60层
客户：	近畿日本铁路
设计者：	竹中工务店
外装设计：	竹中工务店+Pelli Clarke Pelli建筑事务所
施工者：	竹中工务店、奥村组、大林组、大日本土木、钱高组JV
设计时间：	2006年10月 — 2009年12月
施工时间：	2010年1月 — 2014年3月

2007年3月，经过半年的研究讨论，设施构成基本定型时的体积模型。百货商店、事务所、酒店等设施借由桁架阶梯交错布局。计划还会对已有百货商店和铁路车站进行扩建（照片、资料：除特别标记外，至36页为止均由竹中工务店提供）。

于2007年3月决定设施构成

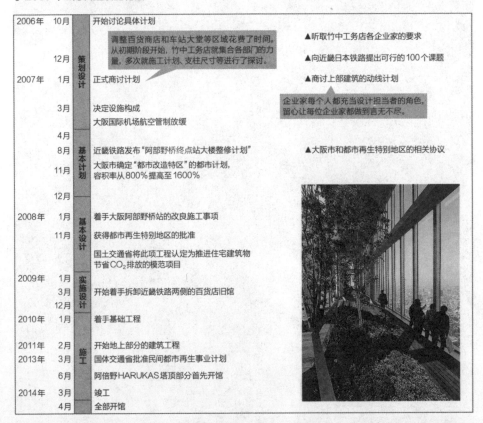

2006年	10月		开始讨论具体计划	▲听取竹中工务店各企业家的要求
	12月	策划设计		▲向近畿日本铁路提出可行的100个课题
2007年	1月		正式商讨计划	▲商讨上部建筑的动线计划
	3月		决定设施构成 大阪国际机场航空管制放缓	
	4月	基本计划		
	8月		近畿铁路发布"阿部野桥终点站大楼整修计划"	▲大阪市和都市再生特别地区的相关协议
	11月		大阪市确定"都市改造特区"的都市计划，容积率从800%提高至1600%	
	12月			
2008年	1月	基本设计	着手大阪阿部野桥站的改良施工事项	
	11月		获得都市再生特别地区的批准	
			国土交通省将此项工程认定为推进住宅建筑物节省CO_2排放的模范项目	
2009年	1月	实施设计		
	3月		开始着手拆卸近畿铁路两侧的百货店旧馆	
	12月			
2010年	1月		着手基础工程	
2011年	2月	施工	开始地上部分的建筑工程	
2013年	3月		国体交通省批准民间都市再生事业计划	
	6月		阿倍野HARUKAS塔顶部分首先开馆	
2014年	3月		竣工	
	4月		全部开馆	

在调整百货商店和车站大堂等区域花费了时间。从初期阶段开始，竹中工务店就集合各部门的力量，多次就施工计划、支柱尺寸等进行了探讨。

企业家每个人都充当设计担当者的角色，留心让每位企业家都做到言无不尽。

为获取以增大容积率为前提的都市改造特区的都市计划认可，设计人员从2007年1月至3月，仅花了3个月的时间就决定了设施构成。上图是屋顶展望台。屋顶展望台的相关介绍刊登在5月10号特辑"建筑绿化"中（资料：根据采访制作；照片：连同右页均为本书编委会提供）。

当时，大阪市内南北的百货商店，相继计划扩大面积以及增加店铺，所以近畿铁路百货商店阿倍野店也希望能够尽快扩大面积。但是，施工必须最大限度地减少对车站及商店营业的影响。此外，考虑到都市改造特区制度的手续，2007年春之前整体的设施结构必须成型。

原田说："工期和施工中的营业面积直接影响项目计划。展示有质量保证的施工顺序是很必要的，在新建筑开张的同时，要让车站商区与百货商店正常营业。所以我们从初期阶段就邀请了施工部门参与，并展示了十分详细的工程表。"

2007年1月上旬，设计者所提出的讨论用工程表，将要点汇集到一张纸上，这是为了让相关人员简单明了地把握整体情况。工程表在可

行范围内，明确标记了施工活动线、水泥用量等前提条件、工程进度的计算依据等。还计算出了每个进度中百货商店的可使用面积，用一目了然的柱状图表示出来。

前文中提到的中之坊部长，在说服日本近畿铁路集团一方中起到了重要作用。他表示："我们很在意到底能不能按计划顺利施工。竹中工务店利用施工部门的优势，早期就向我们展示了一个现实而非遥不可及的方案，推动了计划的开展。"

西北方向看去的阿倍野HARUKAS。

通过摇摆不定的方案彼此吐露真心

原田所率领的设计队伍，每个阶段都在明确主题的基础上不断向业主做说明展示。在针对建筑物结构的讨论中，他们一边确认符合百货商店、办公室、宾馆等各区域功能的楼层面积，一边探索着能通过复合形式产生协同效果的建筑物形态。

原田队伍中担任设计的米津正臣（大阪总店设计部设计第六部门设计组课长），回顾了当时的工作。"我们的目的是如何使建筑内的各种用途实现互补，如何利用复合形式创造城市互动。我们注意不让讨论变成形式上探讨个人好恶的交流，和日本近畿铁路集团在目的上达成了一致。"

另一方面，业主间的调整却是时好时坏的状态。

其中具有代表性的问题就是一楼的方案。当时建设复合式高层建筑，对于想要单独扩大营业面积的百货商店来说，也会带来不利因素。设计者想要尽可能扩大与地面持平的一楼面积，但如果规划出上楼的路线，百货商店的面积就会减少。支撑高层的支柱变粗，店铺内的辨认度就会下降。而对铁路方来讲，使用者来往于建筑与 JR 地铁站的动线相关设施也是必需的，所以他们想确保车站中央大厅有足够宽阔的面积。

为了满足各方要求，原田向铁道及百货商店等每个业主都派出了设计负责人。对各方要求"得出最合理的解决方法"，在近畿铁路方和竹中工务店负责人所聚集的综合定期会议中，"一直讨论到各方都能够接受为止。"

有时，原田会特意在综合定期会议上提出难以达成各方共识的方案。在提出确保最大百货商店面积的一楼方案时，就遭到了近畿铁路总负责人的反对，理由是车站的中央大厅面积不够。通过这样的争论，"大家都提高了危机意识，如果不互相让步的话，计划就成不了型"。他们通过敞开心扉畅谈，探寻着解决问题的关键。

共享电梯间增加体验

进入 2007 年 3 月，原本应该决定好设施结构，但各业主间还无法完全达成共识。近畿铁路集团中还有人表示，如果计划对某些项目造成干扰的话就应该立即中止。

在这种紧张的氛围下，设计队伍继续调整面积、确保流畅的动线，为提高各企业家利益而努力。设计队伍反复检验细节，采用混凝土填充的（CFT）材料，将最初达 1500 mm 的半径缩小到了 1100 mm，解决了百货商店所担忧的支柱粗细问题。

到了 3 月末，终于总结出了一个大家都认可的方案。

在解决上楼的动线问题上，设计者将至今为止按功能分别设置的直升电梯汇集，换成了让其停在通往中间层的美术馆、办公室、宾馆大厅的方式。通过上楼路线的一体化，增加使用者的体验。

设计者在建筑退台的楼顶上栽种植被，创造连接上下方向的"绿网"。特区的要求之一便是室外绿地，这也成为该建筑形态的一个特征。

另外，一楼确保了宽阔的直线形车站大厅，能够顺利分散检票口前的大量客流。百货商店也尽量保持了整体形态，使其成为支柱细、辨识度高的空间。

整理议题，明确主题

简单明了地展示百货商店的面积和施工条件

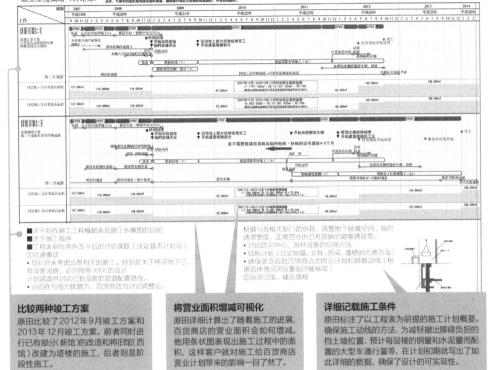

■ 施工工程概略（讨论案）

■ 比较两种竣工方案

原田比较了2012年9月竣工方案和2013年12月竣工方案。前者同时进行了已有部分(新馆)的改造和将旧馆(西馆)改建为塔楼的施工，后者则是阶段性施工。

将营业面积增减可视化

原田详细计算出了随着施工的进展，百货商店的营业面积会如何增减。他用条状图表现出施工过程中的面积，这样客户就对施工给百货商店营业计划带来的影响一目了然了。

详细记载施工条件

原田标注了以下工程表为前提的施工计划概要。确保施工动线的方法、为减轻撤出障碍负担的挡土墙位置、预计每层楼的钢量和水泥量而配置的大型车通行量等，在计划初期就写出了如此详细的数据，确保了设计的可实现性。

2007年1月初提交的讨论用工程表。虽然当时设施构成及体积等都处于未定阶段，但为了让近畿铁路方更容易讨论事业性，原田在表中十分详细地设定了条件。

讨论建筑构成的可能性

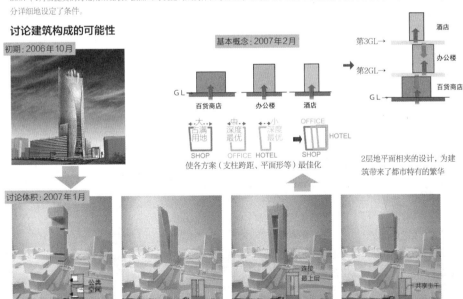

初期：2006年10月

讨论体积：2007年1月

基本概念：2007年2月

使各方案（支柱跨距、平面形等）最佳化

2层地平面相夹的设计，为建筑带来了都市特有的繁华

计划初期展示体积感的透视图到说明展示基本概念的过程。围绕适应各层面积的百货商店、事务所、酒店内的交错充电方法，以及建筑物内活动的联动性为中心展开探讨。为了不让讨论局限于外观，原田在提出方案时明确了主题。

从"功能分类"到"融合型"动线

2007年2月方案中，通往上层的路线按功能分开

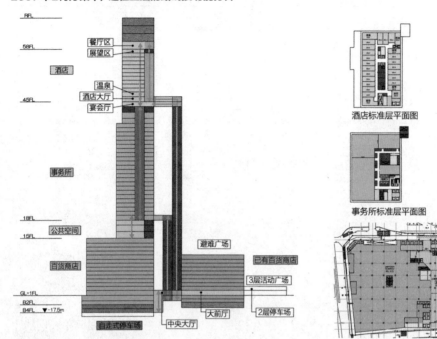

酒店标准层平面图

事务所标准层平面图

在这一讨论阶段，为了提高便利性，原田先生设计了分别连接事务所与酒店的电梯。而在面朝十字路口的建筑物拐角处，设置了百货商店的电梯。如此提高了功能的独立性。

通往上层的透明直升电梯，被设置在面朝十字路口的最显眼的角度。这虽然抢走了百货商店的最好位置，但作为能创造活力的建筑物象征来说却是再适合不过了，因此所有人都认可这一安排。与施工方案几乎无异的设施结构就此成型了。

靠最初方案的强烈冲击性吸引相关人员，也许是推动项目的一种方法。但是，有很多方案的先进性随着讨论的进行逐渐消失的情况。而阿倍野HARUKAS的建设过程中，通过原田"在得出大家都能接受的方案之前要坚持讨论，而不是单靠说服"的努力，设计最终走在了时代的前端。

业主的看法

中之坊健介

（近畿日本铁路阿倍野HARUKAS事业本部事业部长）

令人能够理解的想法

原田先生为加深投资方的理解使用了各种办法，努力做出能让我们接受的说明展示。在会议中，我们也有一些必须解决的疑问和担忧。原田先生会当场画透视图为我们进行说明。为了让我们看清楚，他将图纸朝向我们作画，这让我们感受到了他"一定要让你们当场就理解"的意愿。建筑退台的屋顶不仅仅是绿化带，在施工中还用来放置材料。其间安插进的抗震支撑，有着分散负荷的作用。设置成这种形式的根据与目的也十分明确。我们达成一致的方案，与2006年10月启动项目的方案相比，大大提高了功能性。

2007年3月的方案进一步提升了协作效果

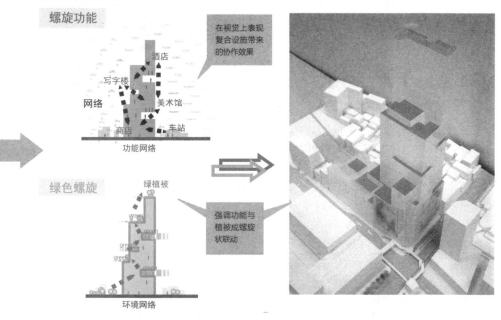

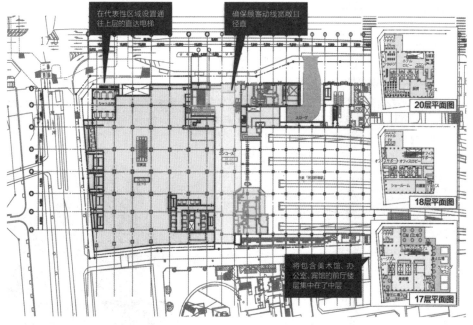

1层平面图

这是获得各方认可的3月的方案。该方案通过融合与各功能相连接的访客的行动路线，为建筑物内营造了都市特有的繁华氛围，依靠功能复合创造出了协作效果。建筑物的标志——通往上层的地板透明式电梯被设置在最显眼的十字路口方位，同时还确保了车站中央大厅的宽敞度。房屋后缩后空出的屋顶部分则覆盖上植被。方案明确表现出了"功能"与"绿色"呈螺旋状的联动效果。

积累认同，诞生新意

风格

以追求"毫不动摇的目标"为出发点
而非"震撼"

　　说到提案介绍会，很多人会容易产生"展示出乎意料的创意，给予震撼感，抓住对方的心"。与此相比，竹中工务店的原田哲夫的提案介绍会，则会让对方回想起设计过程中的"基本"。

　　原田设计了许多为大阪梅田站周边的都市景观带来强烈冲击的建筑物，包括在商业设施上建大型摩天轮的 HEP FIVE（1998 年）、在玻璃门廊内部实施室内绿化的第二吉本大楼（2004 年）等。然而他并不是最初就展示能令人印象深刻的设计，然后再寻找突破口的设计者。原田一直铭记，"坚持共有的目标不动摇，在此基础上准备多个选择方案"。

　　在与客户想法一致的前提下，原田一贯坚持用简单的表现形式进行展示。2008 年完成的"千趣会总公司大楼"（大阪市）中，他在 A3 纸上总结了"生活方式的导航""创造性的办公空间"等概念、以住宅为主题的正面的设计方针等。文字和插图为中心，并没有展示设计图。

　　原田说："每张纸上只集中展示一个要点。大家觉得不错的计划，不需语言阐释，只需看一眼便能接受了"。但是，精选出的"一句话"不能是设计者的自以为是，必须反映出客户的要求。能否体会客户语言背后的内容，影响着"一句话"的精确度。

　　对应千趣会经营的邮购品牌"美丽之家（BELLE MAISON）"而形成的住宅式主题，就是原田与行待裕弘交谈后想到的。

　　行待社长的要求是："因为千趣会的顾客都是女性，所以希望公司大楼能够时尚些"，还谈到了千趣会的历史。千趣会前身是味乐会，以木质人偶的发行会为起点，至今已有 55 年历史。利用女职员的关系网建立销售网，随着时代的变化，从宣传单销售到网络销售，一步步扩大事业。

千趣会本部大楼

所在地：	日本大阪市北区
主要用途：	事务所
用地面积：	1225.55 m²
建筑面积：	887.97 m²
展开面积：	8242.54 m²
结构：	混凝土、钢筋混凝土、钢
层数：	地下1层，地上10层
设计、施工：	竹中工务店
竣工：	2008年6月

外观形象是住宅

外观覆盖的是陶制百叶窗。倾斜屋顶与屋顶窗营造出洋房的氛围（照片：母仓知树提供）。

Goal **1**

品 味 生 活 方 式 的 向 导
Lifestyle Navigator

千趣会从生活者视角出发，制作企划与方案
→ 能够切身感受"生活"的空间

面向女性的宣传力
Appeal

生活者的视角
Experience

TAKENAKA CORPORATION

Goal **2**

创 造 性 的 办 公 空 间
Creative Workspace

使各种工作方式能够自然运行的空间
→建议办公室四处配有小小"机关"

Collaboration

Communication

Concentration

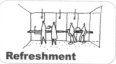

Refreshment

TAKENAKA CORPORATION

立 面 的 设 计
Façade Design

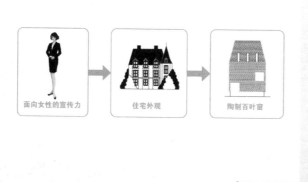

面向女性的宣传力 → 住宅外观 → 陶制百叶窗

TAKENAKA CORPORATION

集中重点，共享目标

在A3纸上简明列出要点。将说明用的文章控制在最少字数内。掌握视觉上的要点，说明展示时重视让客户能够即时理解内容。

听这些话，原田的设计概念从当初的"提高创造性的功能性办公室"，扩展为"从生活者视角出发，以人为本的办公室"。

外部装修使用陶百叶窗柔软覆盖，倾斜的屋顶与屋顶窗（斜屋顶上突出的窗户）营造出西式房间的氛围。建筑侧面必须具备的耐力墙并没有采用最初方案中的支撑结构，而是将细微分化后的抗震材料按长方形排列而成。办公桌安置在这些长方形的间隙中，作为集中工作的场所。这些提案均来自于"住宅"这一概念，并成功获得了客户的共鸣。

在这个过程中，原田还向客户展示了陶百叶以外的方案。不论什么项目，他都会尽量准备多个选择方案。

原田在年轻的时候，其实也曾通过热切表述自己的创意而获得了客户的认可。"客户是碍于年轻人的热情才采用方案的。但是随着经验的积累，我意识到在讨论中加入客户的观点，会给计划带来更多的趣味性和可能性。"

原田如今认为，不断地和客户加深讨论，能够制定出"建筑的使用时间越长，越能让项目的相关人员感受到优点，而非一时接受"的计划。

按部就班正面出击是实现目标的捷径

2004 年在大阪站前竣工的第二吉本大楼，让原田再次意识到了共享目标的重要性。

第二吉本大楼是建在商业设施希尔顿广场西楼之上的办公建筑。一个重要的主题是，和吉本大楼相呼应，建在南北向的四桥筋的两侧。1986 年开业的吉本大楼，因为白色瓷砖的主立面和"绿色与光线交织的中庭"而深受大阪人喜爱。

原田向客户展示的方案是在低层部分设置楼梯井的玻璃建筑。但客户看了却没有什么感觉。原田回忆说："他们大概太喜欢白色瓷砖了。"

他向客户说明了玻璃主立面的目的："吉本大楼完成的时候，'绿色与光线交织的中庭'在全日本实属罕见。对于被大家所熟知的西梅田标志性建筑来讲，中庭可以说是一种个性化因素了。所以新方案中我们也打算沿用中庭，给并列伫立

的两栋大楼赋予四桥筋北端入口的存在感。"

原田计划初期就在"吉本大楼的沿袭"上和客户达成了一致。在这一目标的基础上，他向客户进行了说明，最终使客户强烈意识到都市的景观建设，并采纳了玻璃方案。

第二吉本大楼

所在地：	大阪市北区
主要用途：	商业设施、事务所
用地面积：	3314.50 m²
建筑面积：	2450 m²
展开面积：	44 000 m²
结构：	钢、混凝土、钢筋混凝土
层数：	地下4层，地上20层
设计、施工：	竹中工务店
竣工：	2004年9月

2004年位于JR大阪站南侧的西梅田竣工。右页照片里伫立在中央的长方形主立面建筑就是第二吉本大楼。左边是白色瓷砖设计的吉本大楼，内有商业设施"希尔顿广场西楼"及酒店"希尔顿大阪"。第二吉本大楼继承了吉本大楼标志性的"绿色与光线交织的中庭"的特色。

光线与绿色空间的沿袭

左页图是中庭的内部。正面可以看到吉本大楼（照片：两张均由名执一雄提供）。

能携带的小册子

在千趣会总部大楼项目中，为客户方的项目小组分发的小册子。先用PPT整理数据，再将打印出来的纸张折叠后用胶水粘制而成。原田每一个项目都亲自制作小册子分发给客户。

模拟素材制造身临其境感

大型项目中，制作全尺寸模型然后商讨细节的情况并不罕见。与此同时，原田也非常重视运用"纸张"进行说明展示。

在地面高300 m的阿倍野HARUKAS项目中，原田将模型照片铺展在客户频繁到访的设计室。照片里大楼伫立在蓝天下，比模型更具有魄力。

高大建筑的计划往往容易变得抽象，商讨时不易产生真实感。考虑到"尽量和对方共享项目巨大的分量感是十分重要的"，原田在和客户的商讨会中也一直使用这张照片。

而在前文中提到的千趣会项目里，他则充分使用了17.5cm长的小册子。在建筑方向性得以确定的阶段，他将概念总结在小册子中，分发给千趣会方的负责人。

针对计划，千趣会在公司内成立了项目小组，专门负责讨论办公室的使用方法。他们也同样参加设计商讨会，希望可以简单明了地确认计划的概念。随时翻看手边的小册子，对计划的感情就会自然而然地加深。原田深切感受到，诸如此类的小工夫也能够增强人们在项目上的团结意识。

制作大张模型照片

阿倍野HARUKAS设计室里张贴的模型照片。在与客户的商讨会中也得以活用。原田多在房顶拍摄模型照片。以真正的蓝天做背景，更能够提高照片的真实感。

SALHAUS
安原干、日野雅司、栃泽麻利

事例学习

鹤川的集合住宅：敢于碰撞两种方案，借机寻找对话开端

风格

培养选择方视角作为竞赛的砝码

- 利用"特色空间"共享效果
- 将反省结果运用到下一次设计中
- 在透视图中加入人物形象，塑造利用场景

安原干、日野雅司、栃泽麻利：三人于 2008 年共同创立 SALHAUS，2009 年改组为股份有限公司。担任设计的有"群马县农业技术中心"（2013 年）、"西麻布的集合住宅"（2013 年）、"tetto（鹤川的集合住宅）"（2015 年）以及 2012 年在投标中胜出的"陆前高田市立高田东初中"等。

鹤川的集合住宅：
敢于碰撞两种方案，借机寻找对话开端

事例
学习

用模型展示两种方案的不同

说明展示中事务所准备了用地的整体模型和A、B方案的详细模型。他们一边解说模型的细节一边传达计划的特征。

一般在民间的竞赛中，设计者会直接对客户进行说明展示。这类方案中的条件在很多情况下也不如公共竞赛严密。因此可以说设计者提出方案的方法、内容的严密度等方面也会成为被评估的对象。

安原干、日野雅司、栃泽麻利三人共同经营的 SALHAUS（东京都涉谷区）认为民间竞赛和公共竞赛完全不同。在民间竞赛中他们经常采用的方法是，"提出两种方案"。

2013 年 12 月他们在参加"鹤川的集合住宅"竞赛时，就设计出了方案 A 和方案 B。负责运营、管理住宅出租的 PRISMIC（东京都港区）担任策划，两家事务所竞争该项目。

鹤川的集合住宅

所在地：	川崎市
主要用途：	联排房屋
地域、地区：	市区化调整区域、第一种高度地区
建蔽率：	A栋 39.99%，B栋 32.93%（允许范围40%）
容积率：	A栋 65.03%，B栋 56.12%（允许范围80%）
基地道路：	东4 m（两款道路）
用地面积：	742.62 m²（A栋 571.62 m²，B栋 171.00 m²）
建筑面积：	284.94 m²（A栋 228.63 m²，B栋 56.31 m²）
展开面积：	467.69 m²（A栋 371.73 m²，B栋 95.96 m²）
结构：	A栋木造
	B栋混凝土造，一部分木造
层数：	地上2层
客户：	个人
企划方：	PRISMIC
设计管理方：	SALHAUS
施工者：	大同工业
设计时间：	2014年1月 — 2014年8月
施工时间：	2014年8月 — 2015年2月
总户数：	9户（其中业主1户）

从接近视角的高度观察1:50模型

低视角下的方案A与方案B的模型照片。方案A中住宅由大屋顶覆盖，方案B中各房屋连廊环绕成庭院，照片展示了两种方案各自的特征（照片、资料：除特别标记外到50页为止均由SALHUS提供）。

最开始展示A、B方案的共通概念

> 　　本次计划的用地不仅距车站近，还被美丽的深山环绕，位置十分优越。
>
> 　　建筑面积虽然受到限制，但只要充分利用整体环境，使计划得以实现，我们所提供的集合住宅，就能够吸引那些追求悠闲生活方式的年轻夫妇及育儿家庭前来居住。
>
> 　　我们所提出的集合住宅方案在市中心无法实现，只有在这种优越环境下，才能创造出这个地方独一无二的生活方式。

在A、B方案的说明展示中，事务所先阐述了两方案共通的概念。之后又明确了该计划的目标，即"创造开放的居住环境""创造邻里间的交流往来""创造住宅与地域的联系""创造共同享有的风景"。

展示两种方案的异同

　　之所以提出两种方案，是因为事前并不容易掌握客户的详细要求。虽然他们在客户的带领下参观了现场，却没有提问细节的机会。安原做出了判断："要找出夫妻各自感觉良好的要素，最好是在竞赛上展示两种方案以增加线索""我认为民间竞赛是与客户交流的出发点"

　　出租给 8 户年轻家庭或夫妻的 1LDK 及 2LDK 户型，与业主的房屋合建在一起的木造集合住宅是这次竞赛的对象。SALHAUS 在方案 A 中，在遵循斜线限制与日光限制的前提下，在二楼的地面设置了落差，使上下层的住户都能够享有足够的采光空间。而在方案 B 中，他们将复式住宅的两户交叉布局，以此确保了每户享有均等的采光和观景。

　　业主官野敏男、亚纱子夫妇觉得两个方案都不错，于是选择了 SALHAUS。设计者确认了各方案中客户满意的地方，在实施设计时，将方案 A 的住宅楼布局与方案 B 的交叉两户布局的特点融合在了一起。

　　提出两种方案的方法也存在风险，即对各方案的设计与说明的时间减少，提案很可能会半途而废。SALHAUS 以两案共通的目标为中心，在明确整体设计方针的基础上，向客户展示各方案的不同魅力及设计的灵活性。"展示两个毫无联系的方案并无意义。我们在说明展示的时候，重视的是是否明确传达出了两案共通的思考方式以及各自的不同之处。"

融合两案，实现计划

方案A

■ 配置在南面的住宅楼，与创造联系的户主楼、仓库

○将所有住宅配置在南面
○户主楼配置在房屋楼对面，能够与住户展开交流，制造社区联系的机会。
○仓库用于保存货物及向地域开放

■ 最大限度导入自然光线的断面计划

○为了在南侧斜面的条件下确保光照充足，巧妙布局断面，为各房屋提供足够的天花板高度与宽敞的容积。

■ 保护用地整体的房檐

○住宅屋顶向外延伸出大片房檐，为用地整体创造了一个舒适的室外空间。无论从哪个角度都可以看到的飞檐内侧，成为了房屋全体共享的风景。

方案B

■ 环绕型分布局形成社区

○将包括户主楼在内的栋楼分开布局，创造悠闲舒适的中心庭院
○仓库用于保存货物及向地域开放

■ 将所有房屋设计为多层长条房屋，确保良好的环境

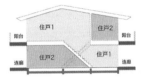

○1楼接地性高，2楼采光和景观好。断面构造，是为了让所有的房屋都享受到二者的优点。

■ 室外连廊创造出环绕庭院的风景

○通过延长各房屋的室内空间，突出连廊部分，使得房屋的日常生活蔓延至中心庭院，创造邻里交流的平台。

融合案

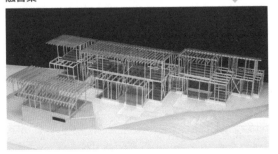

方案A通过地面高低制造空间变化（左），方案B将房屋设计为交叉式布局（右）。各方案开头就清楚明确地总结了布局、房屋断面和空间的特征，并进行了简单易懂的比较。

这是实施设计的效果模型。里面包含了客户所中意的要素，将分开建造住宅的方案A与房屋交叉布局的方案B融合在了一起。

在平面图上简洁标出要点

方案A与方案B的一楼平面图。图纸轻微上色，以方便户主掌握各房屋的划分和大小。同时也尽可能详细地记述了相关的地面面积。红色对话框标出了设计的重点。事务所致力于使用简单的语言，让图纸更容易被理解。

详细介绍房屋的特征

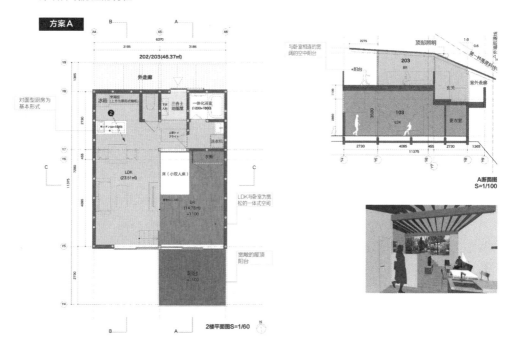

方案A

2楼平面图S=1/60

A断面图
S=1/100

方案B

断面图A S=1:60

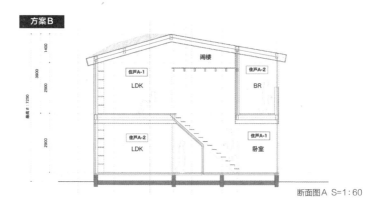

方案A与方案B的房屋说明。平面图中用不同颜色标记了有高度差的部分。除透视图外，还添加了模拟氛围的设计事例的照片，力求尽可能具体地传达出设计效果来。

事后制作方便确认的绘图

用地背靠客户名下的深山。在这片土地上长时间居住的客户，曾经给街道提供过集会场所，是社区的中心人物。以此为背景，设计者认为，应该建设一所开放性的集合住宅，注重入住者彼此以及与周边地域的联系。方案 A 中覆盖三合土地面及阳台的大房檐，以及方案 B 中被 3 栋住宅楼和房屋所环绕的庭院就是注重联系的体现。

此外，两种方案都将客户的住房布局在了可以向地域开放的位置。"在参观现场的时候，户主说如果入住的租户有需要，可以提供农地给他们。看得出客户很善解人意，我们觉得他们会接受重视交流的提案。"

在共计 30 张 A3 纸的竞赛提交资料中，设计者明确表达了"共通的设计方针"与"方案 A、B 的不同"。

在开始说明各案之前，设计者在文章中简要表明了方案 A 与方案 B 之间的共通概念。同时还明确展示了 4 个目标，即"开放性居住环境""住户彼此间的联系""与地域的联系""共享风景"。

而两方案的不同，则在各案的开始就采用了图示说明。一页纸上登载了简单的布局图、房屋剖面图、模型照片以及整体的剖面图像。客户一眼就可以掌握布局与住户排列方式的不同，"被房檐覆盖的空间""被室外走廊围绕的庭院"等方案的特征等也一目了然。

设计者在绘图上追求的是简洁，而非精致的展示效果。"公共竞赛经常仅凭图示就判断方案好坏，而民间竞赛却不同，我们亲自上阵说明。因为不需要引人注目的表达及言语，所以我们就清楚地写下事后方便客户确认的要点了。"

例如，设计者在一楼平面图上用深浅颜色明确区分开了房屋。设计上的要点则靠对话框来说明。一楼住户从专用庭院内进入、按照川崎市悬崖地区条例采用混凝土建造户主住房的一部分等要点被筛选了出来。

此外，绘图中还详细写入了严谨的商讨结果、商业等要素。除了在二楼平面图中加入面积表，为了帮助客户对设计有具体的联想，还加入了房屋详细的平面图、剖面图与透视图。提案还包括周边深山的模型、深山散步的建议等，十分深入周到。

宫野夫妇回忆道："设计者给我们一种认真了解了用地条件的好印象。说明的方式也不刻意，能够感受到他们今后也想和我们进行交流的态度。"

客户的看法

宫野敏男、亚纱子夫妇

出人意料的提案也魅力十足

我们在附近运营着多处木造的集合住宅。因为用地靠近植被，所以我们认为木造更加符合环境氛围。SALHAUS的提案中认真考虑了用地环境的采光和通风等问题。北侧一般感觉条件都比较恶劣，但开放周边后反而变得更加敞亮了，让我们感到十分新鲜。还有天花板高3500 mm的房间，一定会有人希望住在这里（对谈）。

策划者的看法

早川佳希、木村映美

事后也可以确认的图示

我们提交了与本社合作的设计事务所的资料，由客户选择两个，然后举办设计竞赛。SALHAUS的图纸色彩缤纷，要点集中，便于理解设计目的，细节部分也很完善。充满了有利于我们事后回想的要素。一般来讲一楼的租金比二楼要便宜些，但SALHAUS在设计上努力做到无租金差，这一点在商业方面来讲也是优点（对谈）。

方案B整体布局图S=1:250

○从车站到仓库的动线，与从停车场出发的动线流畅相接。

○关于建筑用地以外的部分，讨论是否将包括凉亭在内的部分保持原状，还是否在连廊上建造几个小坐席。

○以连廊为契机，既可以在用地内形成一个散步路线，也可以成为田地耕作等活动后的休息场所。

○用地整体都可供儿童游玩，成为住所的延长部分。晴天时住户可以在室外用餐，我们希望建造一个可以让人们享受如此悠闲生活的空间。

展示后山利用效果

事务所还展示了在住宅背部的后山搭建的连廊，将其作为田地耕作和儿童玩耍的场所的利用效果。虽然竞赛并没有提出相关要求，但这更加完善了建筑本身的概念，即创造住宅与住户及当地的联系。

居民楼围住庭院，缓缓相连

完成后的外观。2层住宅楼呈雁行状排列，围绕中庭缓缓相连。内部房屋则是多样的跃廊设计（照片：与47页下均由矢野纪行提供）。

培养选择方视角
作为竞赛的砝码

风格

利用"特色空间"共享效果

　　SALHAUS 还积极地参加公开募集型的设计比赛及投标等。安原干、日野雅司、栃泽麻利三人自 2008 年成立事务所以来，在不到 7 年的时间内参加了 28 次设计相关活动。其中 6 次实现入选或进入复赛，两次被选为最佳方案。三人均 40 岁左右，对于成立时间尚短的事务所来说，这些都是相当出色的成绩。那么他们的秘诀究竟是什么呢？

　　成立事务所之前，三人都曾在山本理显设计工场工作。该事务所对竞赛作品的好坏有固定的评判方式，通过在此工作的经验，安原明白了"要在多数设计投稿中凸显自己，重要的是要表达出强烈的空间效果，与评审及客户产生共鸣"。SALHAUS 成立第二年，在设计提案竞赛中获得最佳方案的"群马县农业技术中心"，就是有效展示独具特色的空间效果的例子。

　　面向生产者或消费者开展讲座及咨询的场所与研究设施合并的建筑物，就是竞赛的对象。三人思考的方案是，用巨木搭建屋顶，以此覆盖功能不同的各个房间。他们描绘出了这样的画面，在县产木材所搭建的房顶下，是各种各样的人得以交流的场所。

　　图示中的木屋顶也令人印象深刻。三人用大型模型照片展示了被格子状构架所覆盖的室内空间，传达出了树木的质感与空间的形象。配合提交图题目"树木搭建的巨大帐篷"所表达的设计概念，布局计划及结构形式的说明中也反复出现了"巨大帐篷"这个词。以之前与佐藤淳设计事务所商讨的内容为基础，在图上附注了构架的思考方式，以及主要部分的节点效果图。还明确表述了技术方面的商讨内容。

群马县农业技术中心

所在地：	群马县伊势崎市
主要用途：	研究所
用地面积：	123 255 m²
	（其中建设用地11 610.62 m²）
建筑面积：	本馆1497.43 m²，会议楼421.12 m²
展开面积：	本馆1969.90 m²，会议楼385.47 m²
结构：	钢、部分木造
层数：	本馆地上2层，会议楼地上1层
设计管理者：	SALHAUS
施工者：	关东建设工业（本馆建筑），大雄建设（会议楼建筑）等
竣工：	2013年1月

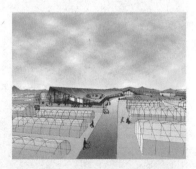

经过面向建筑使用者的意见听取会，事务所完成了设计，将投标时设计的一栋楼分成了两栋，更改了室内的一部分布局。在满足使用者要求的同时，原封不动地实现了大型木造屋顶所覆盖的空间设计。

提出"大型木造屋顶"方案

设计提案时的外观透视图（上）与内观透视图（下）。直至建筑完工，事务所都坚持实现了大型木造格子屋顶所覆盖的空间构成。

"树木帐篷"这一概念,不仅仅能给予对方强烈的空间效果。为了能够自由布局大屋顶下的各个房间,设计开始后,应对计划变更的灵活性也很强。日野表示"让客户感受到'好像能反映出我们的要求';灵活性非常重要"。

在实际的审查中,兼顾强烈的空间效果与自由度这一点获得了高度评价。担任评审的赤松佳珠子(Coelacanth and Associates)在讲评中,提出了使设计获得好评的要点:"被木造大屋顶所覆盖的内部空间的魅力……以及今后即将展开的与相关人员的讨论具有说服力,这一方案作为发展平台,拥有足够的开放性。"

将反省结果运用到下一次设计中

每当在竞赛或投标中失利,三人都会开反省会。"和胜出的方案相比差在哪里,讲评中受到了怎样的评价等,我们会分析自己的方案存在哪些不足,有没有引起人误解的地方等。"

竞赛的结果受当时的条件及其他参加方案的影响。即便如此,三人也认为不断反省自己的方案,才能取得进步。

在反省的过程中,有一件事成为转折点。那就是 2011 年流山新市街地地区小学初中合并校的投标。SALHAUS 的方案得分位居第二位,获得了优秀奖。

投标的主题是千叶县流山市新设的小学初中合并建筑。三人的方案是将小学和初中各自所需的体育馆合并成一个竞技场,将其作为面向街道的窗口。关于计划中最重要的竞技场部分,他们用 CG 制作的模型照片展示了空间魅力。

在对提案内容的审查中,80 分满分,他们获得了 61.67 分的好成绩。取得 60 分以上成绩的,只有 Coelacanth and Associates 和 SALHAUS 两家。可以说以竞技场为中心的方案,展示了充足的吸引力。

但是三人在反省自己的方案时,也发现了不足之处。栃泽回忆说:"竞技场的展开面积约20 000 m²,比 2000 多平方米的农业技术中心的规模还要大。这样一来,仅靠竞技场这一点来取胜就有些困难了。对学校来说最基础的是教室部分,而我们与此相关的提案却比较薄弱,值得反省。"

次年他们参加岩手县陆前高田市初中的公开型投标时,就吸取了失败的教训。三人提出的方案是用县产杉木建造大型"木造屋顶",加之功能多样的教室设计,最终获得了优胜。

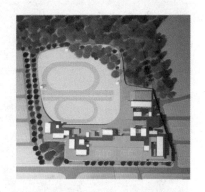

流山新市街地区小学初中合并校投标方案

千叶县流山市的新兴住宅地计划了该小学初中的投标项目。方案将小学初中的体育馆合并成立"双竞技场",将此作为学生动线的中心。二楼设置的交错式屋顶将各教室连接在一起,和森林相接而成的动线可周游整个校园。遗憾的是只拿到了优秀奖。

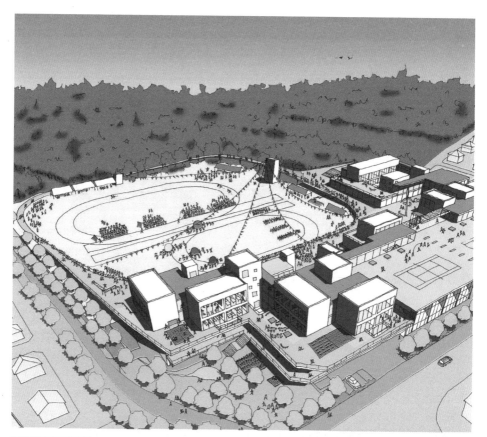

在动线中心安排竞技场

竞技场的外观使用CG制作模型照片,内部透视图则展示了一幅学生们热闹活动的场景。

在透视图中加入人物形象，塑造利用场景

　　在公开型竞赛或投标中，参加者首先要提交资料或图示以通过第一次审查。这时，能直接制造出视觉上的空间效果的内外观透视图就成为重要的手段。

　　SALHAUS 所下的功夫，是在透视图中加入使用者的身影，制造出一幅欢乐的场景。例如在图书馆的设计中，就用手绘插图画出了在书架上找书的人、坐在台阶或椅子上读书闲聊的人，以及正在走动的家长与孩子等。

　　枥泽说："我们所提出的方案不仅是空间，还包括在空间内进行的活动。我们画出建筑物中正在进行的生活场景，人们在这样的空间里的所做所见，这是我们想要传达的。"

　　在山本理显设计公司工作时，枥泽就一直负责加入人物的透视图。她为透视图中的人物加入对话框，更加具体地表达在空间中展开的活动场景。

　　这样的方法，和安原在制作绘图时"为了让不是建筑专家的评审也能够理解，要注意简单明了"的想法相通。他们注意尽量采用具体的说明及绘图，避免使用抽象的表达方式，以免建筑专家之外的审查员难以理解。出现大量使用者的透视图就是其中的一部分。

　　三人根据场所选择透视图或是模型。手绘透视图能体现出热闹感与亲近感，而模型则适合展

现素材感。要在透视图中展示光线照射效果的话，CG 比手绘更有效果。如今他们还在尝试同时使用 CG 和手绘来制图。

　　"我们一直在寻找更好的方法"，他们在不断摸索的过程中，向前迈步。

展示活动场景

在彩色透视图中用简单的线条描绘出使用者的身影，展示出一幅令人心生亲近的场景。对话框中加入使用者的话语，能够传达出更加具体的利用效果。

画出各种各样的使用者

上图是参加新濑户内市立图书馆设计业务投标的投稿方案（2013年），下图是参加工学院大学八王子小区综合教育楼设计投标的投稿方案（2009年优秀奖）。

东利惠
东环境·建筑研究所

事例学习
Seapalpia 女川：
利用简单的图片与视频迅速对应振兴事项

风格
特意制作"有推翻余地"的图示
· 从没有窗户的布局图开始
· 共享效果比起形式语言更有效
· 从始至终配合客户

东利惠：1959 年出生于日本大阪府。1982 年毕业于日本女子大学家政学部住宅专业。后毕业于日本东京大学研究生院、美国康奈尔大学研究生院。1986 年，继承父亲东孝光氏的事业，就任东环境·建筑研究所代表。担任设计的有星野度假区的酒店及商业设施"春榆花园"（2009 年）、集合住宅"龟甲新"等。

Seapalpia女川：
利用简单的图片与视频
迅速对应振兴事项

事例
学习

利用三维CG展示动态风景

在东日本大地震中遭受重创的宫城县女川町，中心部分出现了一块重新热闹起来的场所。那就是 2015 年 12 月 23 日开业的承租型商业街"Seapalpia 女川"。东利惠率领的东环境·建筑研究所（东京都涉谷区）担任了此次设计。

东利惠的事务所经常接手与客户耗时数年推进设计的项目，例如星野度假期的酒店等。而 Seapalpia 女川项目则不同，从客户发出要求至开业只用了 1 年零 4 个月，计划的进展速度很快。

只在必要的时候画必要的图示

2014 年 8 月 4 日女川未来创造邀请东作为设计者候补，此项目开始。东利惠围绕在轻井泽设计的星野度假区的商业设施"春榆花园"展开说明，用投影仪介绍了至今为止的工作内容。

Seapalpia女川

所在地：	宫城县女川町
主要用途：	店铺、饮食店
地域、地区：	商业地域
建蔽率：	46.99%（容许90%）
容积率：	44.64%（容许400%）
基地道路：	东北与南之间方向8m，西19m，散步路15m
停车数：	2辆（用地）
用地面积：	5150.83 m²
建筑面积：	2420.46 m²
展开面积：	2299.44 m²
结构：	木造（A~E栋）、钢（F栋）
层数：	地上1层
客户：	女川未来创造
设计管理者：	东环境·建筑研究所
设计合作者：	用工舍（样式），平面设计（景观），KAP（结构），森村设计（设备·用电）ICE都市环境照明研究所（照明）
施工者：	sigma建工
竣工：	2015年12月

CG图展示了沿散步路布局的人字形屋顶建筑的状态。使用者从各条道路走入中庭（资料：除特别标记外均由东环境·建筑研究所提供；照片：至64页为止由吉田诚提供）。

大致展示规模感和店铺位置

东利惠说自己并不擅长在这种场合中宣传自己。"我以往都是以特别任命的方式接受工作，很少有为了获得机会而说明展示的经验。在女川项目中我也是简单地说明了设计想法和实例，然后告诉对方'如果您认为我可以的话就请联系我'。"她举止沉稳，女川未来创造的近江弘一经理对这种"旨在建设区域景观的想法"评价也很高，最终将设计委托给了东利惠。

从车站到大海有一段散步用道路，建筑用地就在道路的两侧。东利惠的想法是"创造出令人怀念的风景"，东利惠在 10 月 3 日第一次的展示中，提出了两种方案，均为平房建筑群。方案 A 的特征是，让建筑沿散步路排列，布局成表参道风格。方案 B 则将两处用地的中庭越过散步路相连。东利惠自身感觉 B 方案更好一些。

东利惠准备了 1∶400 比例的布局图、简易透视图、截取一部分平面与剖面制作而成的 1∶100 比例的内部空间效果图等。"我们没有那么多时间来回讨论细节，为了让对方尽快决定，我们只画出了必要的部分"。图示基本都用了单线条，墙壁和开口部也没有区分，着重突出了建筑物的规模感与承租户布局的效果。

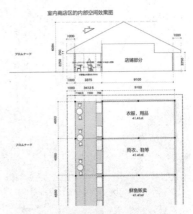

室内商店区的内部空间效果图

通过汇集重点的表现方式迅速促成决定

东利惠在第一次说明展示时，提出了两种布局不同的方案。方案 A 是建筑沿贯穿中央的散步路排列，而方案 B 则是有机连接位于两侧的中庭。除了 1∶400 的布局图外，事务所还做了三维 CG，并提供了负责景观的平面设计的草图。客户在看过这些简单易懂的图示后，决定采用方案 B，设计发展为 11 月的第二方案（第 55 页下的资料：东环境·建筑研究所+平面设计）。

方案 A

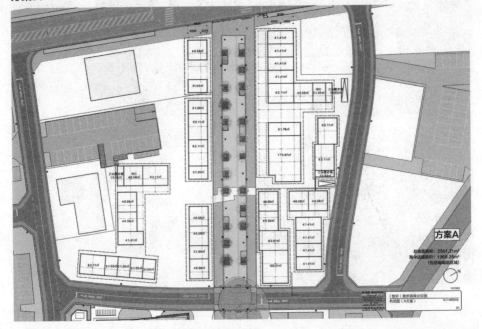

方案B（采用）

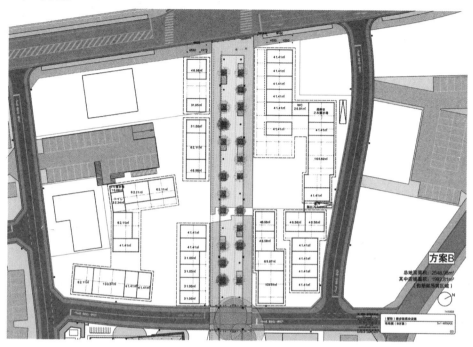

第2方案

配合复兴计划迅速展开建筑计划

2011年	3月		东日本大地震中，女川遭受巨大损害（11日）
	9月		女川町议会表决"女川町复兴计划"，加高中心城镇，将住宅等转移至高楼
2013年	9月		女川町设立"女川町复兴城镇建设设计会议"，商讨车展前散步路等街道的设计
2014年	6月		以当地企业家为中心，设立承租型商业街的运营公司"女川未来创造"
	8月	基本设计	▲东环境·建筑研究所参加了客户为选定承租型商业街设计者的面谈会（4日）
			▲东环境·建筑研究所被选为基本设计业务的合约候选者（25日）
			▲听取设施的相关条件（28日）
	10月		▲在第一次说明展示中提出了A、B两种方案（3日）
	11月		▲提出以B方案为基础的基本计划（25日）
	12月		复兴厅认同了以建设费扶助金为前提的"女川町城镇重生计划"
2015年	1月	实施设计	东环境·建筑研究所向商业设施开店者说明计划内容及建筑设计的基本规则
	3月		"JR女川站、女川温泉（坂茂建筑设计）"完成
	6月		发布开店的27家承租户（2日）
	6月	施工	开始施工
	12月		"Seapalpia女川"开业（23日）
2016年	秋		女川未来创造运营的"物产中心"预定开业

介绍事务所负责过的春榆花园等项目

决定使用B方案

同时说明了室内可能会产生变更的建设方式

　　与此同时，东利惠为了促进审查者对计划的理解，首次使用了三维 CG 视频。视频中风景随着人物的行动慢慢展开，对于展示方案 B 中庭相连的空间特征起了很大的作用。客户会经常举办一些活动，所以他们就选择了方案 B。

提前与承租户进行协调

　　之后，从 11 月 25 日提出基本计划方案一直到实际设计，方案 B 的形式也没有发生太大变化，直到建筑顺利完工。但是在设计过程中，东利惠却需要随机应变，面对租户的人数发生变化、配合申请受灾地扶助金的进程推动设计等情况。近江如此评价设计者的反应能力："十分迅速，就好像昨天刚送到的变更图示，明天之前就能做好一样。"

　　为了保证设施内的统一感，设计者必须与承租户进行协调。在此开店的人，主要都是以往在自家店面营业，没有集体店铺经验的生意人。东利惠可以预想到，他们会难以适应建筑与装修施工分离的承租型商业设施的模式。

计划与城镇的复兴计划及国家制定受灾地扶助制度同时进行。东环境·建筑研究所经由支援受灾地的震灾复兴项目的代表理事相泽久美介绍，获得了客户的委托。建筑于2015年12月开业。

散步路环绕的两个中庭为空间增加深度

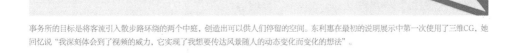

事务所的目标是将客流引入散步路环绕的两个中庭，创造出可以供人们停留的空间。东利惠在最初的说明展示中第一次使用了三维CG，她回忆说"我深刻体会到了视频的威力，它实现了我想要传达风景随人的动态变化而变化的想法"。

简洁说明店铺施工的规则

西立面图

9　　8　　9

立面图 S=1:100
平面图 S=1:400

B栋-2

北立面图

11　　10　　9

关于标志

· 在外墙安装标志板

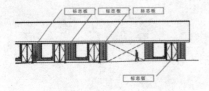

标志板　标志板　标志板

标志板

关于天花板

· 倾斜搭建天花板，展示房顶结构
· 也可以于房檐同等高度搭建出水平天花板。

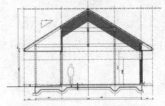

事务所面向承租户，召开了装修工程说明会。除了说明了为了让路人也能停留而建造广场的想法外，还说明了甲乙丙施工的不同，关于正立面、标志、内部施工、天花板、设备、厨房等的考虑。

　　于是他在承租人数确定下来之后的 2015 年 1 月召集了开店者，向他们说明了施工分离、装修设计等规则。他准备了每一栋楼的平面图和立面图，整理出了一些如果租户想变更的话需要提前联系建筑方的事项，例如会影响排烟计划的天花板搭建方式，厨房的管道布置空间等。他的目标是保证商业区的外观协调一致，同时在短期工程内确保施工能够顺利进行。

　　东回忆说："因为曾经设计过的春榆公园也涵盖多个承租户，所以这次我才能把握好重点。"之后，女川未来创造将预定建在 Seapalpia 女川旁的物产中心的设计权也交给了东。即使没有花哨的资料，抓住重点与相关人员贯彻实际工作的做法，也促进了施工项目在有限的时间内能够顺利进行。

客户的想法

近江弘一
（女川未来创造经理）

恢复失去的风光

遭到海啸袭击的女川，失去了往日的"色彩"。为此我们认为，在市区中心建设的商业设施，其周围的景观建设也十分重要。在意见听取会上，东利惠设计师为我们说明的不是建筑个体，而是女川作为"能散步的城市"的景观建设。我们认为类似春榆公园这样的建筑适合这座城市并且基于以女性为中心考虑居住环境的方针，选择了她。在一边决定承租户一边推进设计的过程中，她还积极地提出了户外空间与公路上的散步路相交错的方案（对谈）。

吸引周边设施的提案

第1方案，自由用餐席与店铺一体化

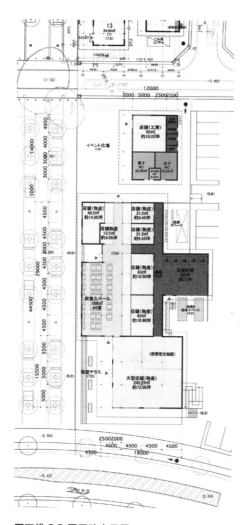

第2方案，自由用餐席设在另一栋建筑，更易变更计划

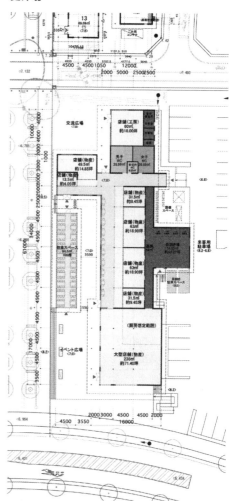

用三维CG展示动态风景

在Seapalpia女川的计划过程中，事务所还受到了旁边特产中心的设计委托。最初提出设置自由用餐席与店铺一体化的方案时，在自由用餐席的运营方法上各方意见产生了分歧。于是事务所又立刻提出了易于更改计划的分楼方案。东环境·建筑研究所预测出了客户的要求，灵活做出应对。

特意制作"有推翻余地"的图示

风格

从没有窗户的布局图开始

东利惠女士如此表述自己设计的推进方式：不在一开始就猛地拿出具体的空间效果图，而是一边和客户商讨一边慢慢制订计划，也就是定制式的设计。

1986 年东利惠的父亲东孝光先生就任大阪大学教授，她便接替父亲成为事务所的代表。当时个人住宅比较多，至今为止她接的工作大多数都是被特别任命的。通过这些工作，她形成了与竞赛那种展示具体形式完全不一样的设计风格。

东利惠首先会向客户提供十分简易的图示。在中国设计的集合住宅项目中，她只在平面图中画出了房屋的大小、布局与出入口的位置。单线条的图示上，连窗户的位置都没标。她说："对应每个项目，将绘图的必须要素最小化。有的场合甚至没有必要画出屋顶的形状。"

虽说不是竞赛，但不展示"建筑形式"的设计者并不多见。为什么她使用这种方法呢？

"即使事先在意见听取会上听取客户的要求，我们也不可能全部都理解。首先准备好作为原案的图，一边看图一边引出客户的要求，确认方向性。最开始就拿出过于具体的图示的话，就容易被它所束缚，变得不能自由讨论了。"

在个人住宅项目中，有的客户会注意尽量不对专业设计者指手画脚。但是东利惠却故意用简单的图示来"让对方不用介意破坏我们的设计"，方便客户提出意见。

有时她还会在听过客户的意见后，用剪子剪开图示，然后像拼图一样重新组合，继续和客户交流。可以说图示正是交流的道具。

右图中，必不可缺的各室及各层的面积被明确标记出来。虽然绘图较为抽象，但所必须的要素却十分集中。集中了要素的绘图，有利于明确每一阶段对应的讨论点。

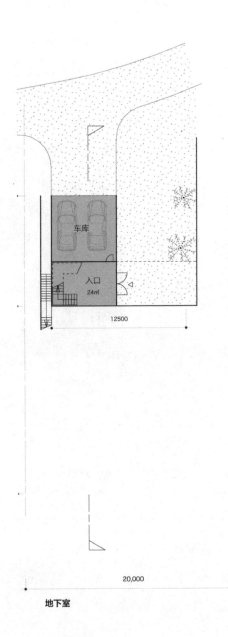

车库

入口
24㎡

12500

20,000

地下室

最初的图示要简洁

这是在中国的集合住宅项目。在最初的展示中，东利惠提交了平面图及景观事务所提供的布局图。虽然平面图极其简洁，连窗户位置都省略了，但却具备讨论所必需的要素。

因为在海外项目中，"与客户能共享的要素很少"，所以她多使用透视图等视觉效果明显的图纸。

[面积分布]
地下室	24.00㎡
一楼	196.44㎡
二楼	153.94㎡
总面积	374.38㎡
庭院	36.00㎡

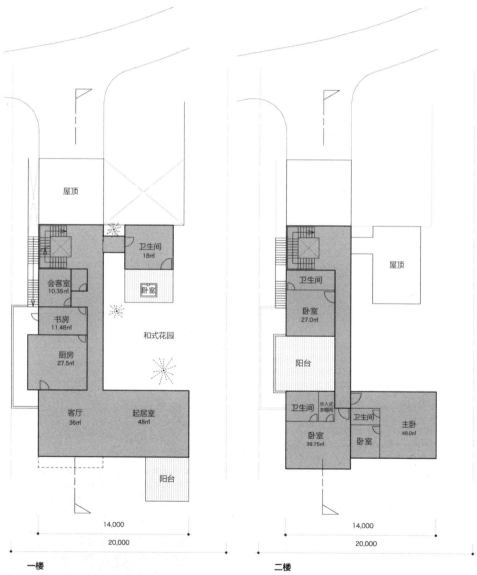

这是推动讨论进展的图纸，线条十分简单。东建筑·研究事务所会根据初次讨论的内容，再进一步准备详细的图纸或模型。

共享效果比起形式语言更重要

首先靠单线条图示引出客户的要求，然后随着不断说明展示，一步步提高画面的精度。这就是东环境·建筑研究所的做法。第二次展示之后，东利惠就开始根据客户的意向依次提交模型和透视图。

但是，开展对话时如果没有一个核心的话，讨论就会抓不住重点，设计的方向也会变得模糊。东利惠在数名负责人参加的项目中，对共享表达计划方向性的"话语"特别重视。

例如，在星野度假区的酒店"星野之家轻井泽"项目中（2005 年），酒店设计为分离式客房环绕着水边庭园的风格。这出自"山谷的村落"概念，是东利惠与客户及景观设计者交流后产生的结果。

在星野度假区的工作中，东利惠开始强烈意识到"让将来的使用者也能产生共鸣的说话方式"的重要性。

在她与星野度假区的董事长星野佳路的初期商讨会中，时常被要求使用更简单易懂、更能传达给使用者的语言。东利惠回忆道："大概在那之前，我心里还多多少少有向建筑界的人传达的意识。通过一系列的工作，我也得到了锻炼。"现在为了让竣工后的设施在宣传时能够直接使用自己说过的话，她也在时刻注意着措辞。

2013 年春季翻新后重新开业的六本木大楼由森建筑公司负责，其中东利惠负责洗手间的设计，她在展示中也注意了自己的表达方式。项目由东环境·建筑事务所在竞赛中获胜所得。

她说："为了享受在六本木大楼的时间，女性顾客会在洗手间一边聊天一边补妆，或是调整一下首饰。我的目的不是凸显洗手间的存在感，而是创造出一个像舞台休息室那样的场所。"她将这一想法倾注在了"专为成熟女性提供的更衣休息室（DRESSING LOUNGE）"的主题中。这样能够轻松传达给女性顾客的主题，抓住了客户的心。

从始至终配合客户

东利惠自我分析说："比起将所有决定权都交给我们，能够一同思考的客户与我们的工作方式更合得来。"正因如此，她才会不厌其烦地将精力投入到与客户交换意见的过程中。东京都世田谷区的集合住宅"龟甲新"（2013 年）就是一例。

客户的家族十几代一直拥有着一片绿色用地及其周边地区。在此之前曾将设计委托给过北山孝二郎、坂茂等设计师，长期建设、运营集体住宅。客户希望在开发时能保护好代代相传的树木，这样的理念贯彻于整个"龟甲新"计划。

六本木大楼10周年西区升值计划
3楼北侧洗手间改造施工

所在地：	日本东京都港区六本木6-10-3 六本木大楼的西区3层
改造面积：	69.96 m²
基本设计、设计监修：	东环境·建筑研究所
照明设计、设计监修：	ICE
施工者：	白水社
改造、施工、竣工：	2013年3月

六本木大楼内洗手间翻新计划。卫生间布局紧凑、沙发及化妆台空间扩大化的"更衣休息室"概念受到好评。

"像休息室一样的化妆间"

绘图中使用了大量站在使用者立场上的简单表达，例如"专为女性度过优质好时光的空间"等。之后的透视图为外包制作。

专为成熟女性设计的 DRESSING LOUNGE

女性们所憧憬的化妆室中，洗手间并不是主要功能。

与女性朋友一边聊天一边补妆、整理衣服、更换首饰，这里，这一刻，就是极其重要的时间。为了让女士尽情享受在六本木大楼的时光，这里应该成为如同演出开始前的后台一般，热闹非凡的同时，能让女性一展魅力的憧憬之地。

因此，我们想要提出的方案是"脱离洗手间！"，让"更衣休息室"为前来六本木大楼的女性提供一个"专门为了让女性度过优质好时光的空间"。

让人想不到是洗手间的空间

优质休息室

化妆间充满了女性聊天的热闹氛围

地板：石砖 600×600
marmi casa/BROWN/FIANDRE

专为主动前往六本木大楼的女性准备的站立式化妆区

主角是休息室，脱离洗手间

走廊墙壁的设计能让人感受到空间内的热闹

沙发可让女性充分利用空间休息

重视实用性的洗手台

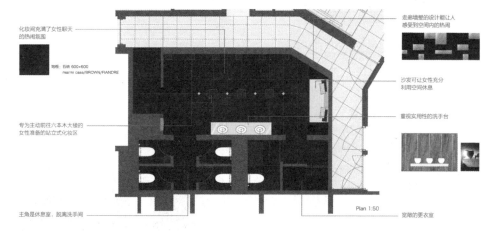

Plan 1:50

宽敞的更衣室

展开效果

材料

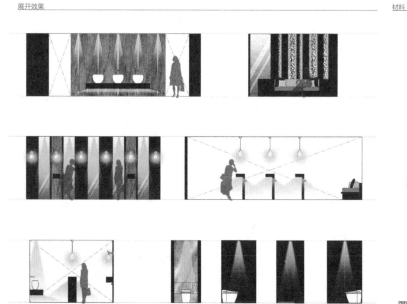

Interior Elevation 1:50

天蓝色大理石的大块石砖
PRECIOUS STONES/AZUL/FIANDRE

天然木材制作而成的不燃木板
SANNET不燃木/黑胡桃木/北三

粘贴有纺织物的玻璃屏风

大块石砖
PRECIOUS STONES/CARRARA/FIANDRE(左)
黑色调和(右)

同时重视绕道的工程

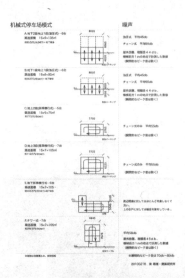

事务所尊重客户"希望在一同学习中推进设计"的想法，并在设计中正面应对客户时不时提出的要求。

最开始的工作，是倾听客户方说明计划用地过去的模样。之后东利惠根据客户的说明以及过去的照片、水井的位置等，制作出以前的建筑群的再现图。他们还受邀参加附近神社的祭典。

设计开始后，东利惠因他人建议，开始使用"建筑模式语言"。建筑模式语言由克里斯托弗·亚历山大提出，是一种提炼语言来创造充满人情味的建筑环境的手法。东利惠所提炼的关键词是"历史悠久的森林住宅与板造墙壁""通畅明亮的庭院"，并确认和客户目标达成一致。

此外，他们在车库有可能设置在地下的问题上花费了一年的时间。事务所员工从各个车库建造公司收集了资料，还参观了建筑现场，对长短进行了比较。

从接受委托到竣工耗时 5 年。客户评价道："与其他项目相比已经很快了。"

龟甲新

所在地：	东京都世田谷区羽根木
主要用途：	联排房
用地面积：	YI 302.98 m², RO 689.41 m², WA 1161.11 m², NI 990.98 m²
建筑面积：	YI 157.26 m², RO 347.66 m², WA 595.05 m², NI 359.52 m²
展开面积：	YI 281.64 m², RO 698.74 m², WA 1319.48 m², NI 822.85 m²
结构：	混凝土，一部分木造
层数：	3层
设计、监督管理者：东环境·建筑研究所	
设计合作者：	KAP（结构）、SH建筑事务所（设备、用电）
施工者：	佐藤秀
竣工：	2013年12月

充满客户回忆的集合住宅

建成的集合住宅，保留了客户家族长期守护的树木及过去的风景。约3150 m²的用地上分散着4栋建筑，共33户。计划过程中，设计者听取客户的想法，在建筑模式语言、车库、重现过去建筑等方面做了很多努力。

内藤广
内藤广建筑设计事务所

事例学习
安云野市政厅：
舍弃形式，坚守本质，灵活前进

风格
利用"蒸汽"升腾式图示慢慢获得信赖
· 脱离"一技之长"的投标战术
· 立面细节图展示气魄
· 打破隔阂，了解对方

内藤广：1950 年出生于日本横滨市。1981 年设立内藤广建筑设计事务所。担任日本
东京大学研究生院教授、东京大学副校长。担任设计的项目有"岛根县艺术文化中心"
（2005 年）、"日向市车站"（2008 年）、"旭川车站"（2011 年），以及获得日本建
筑学会奖的"海之博物馆"（1992 年）等。

安云野市政厅：
舍弃形式，坚守本质，灵活前进

事例
学习

2011 年 6 月内藤在投标竞赛中胜出，8 月与客户进行了第一次面谈。然而在刚开始设计时，他就突然接到了宫泽宗弘市长"希望改成长方形的平面"的要求。

内藤在投标竞赛中提出的方案，是一座将圆形分割成四个扇形的 5 层建筑。这样的形状是为了确保用地西北方向的敬老院的采光。早稻田大学教授古谷诚章担任总评委的审查委员会也对这个设计给予了很高的评价。

扇形是投标竞赛中胜出的重要因素，客户却要求放弃。设计者有所抵触却也并不奇怪。

竞赛后才得知当地情况

宫泽市长要求建成长方形平面是有理由的。市内已存在曲面设计的建筑物，市民反映利用效果不佳。

新市政厅的平面规模比该曲面建筑物要大，曲线也更加缓和。但是内藤的想法是："我没有特别执着于投标方案的外形结构。只要不损坏我想实现的空间质量就可以。"

安云野市政厅

所在地：	长野县安云野市
主要用途：	市政府
地域、地区：	第二种住层地域
建蔽率：	29.60%（允许范围60%）
容积率：	97.11%（允许范围200%）
基地道路：	南 16 m
可停车数：	地上153台，地下108台
用地面积：	17 532.76 m²
建筑面积：	5190.20 m²
展开面积：	21 470.44 m²
	（其中未算入容积部分4444.41 m²）
结构：	地下1层柱头防震+预制预应力混凝土造，一部分混凝土造，一部分钢造
层数：	地下1层，地上4层
客户：	安云野市
设计、监督管理者：	内藤广建筑设计事务所，小川原设计，尾日向辰文建筑设计事务所JV
设计合作者：	KAP（结构），森村设计（设备），明野设备研究所（防灾）
施工者：	前田建设工业，冈谷组JV
设计时间：	2011年8月 — 2012年12月
施工时间：	2013年2月 — 2015年1月
开馆日：	2015年5月7日

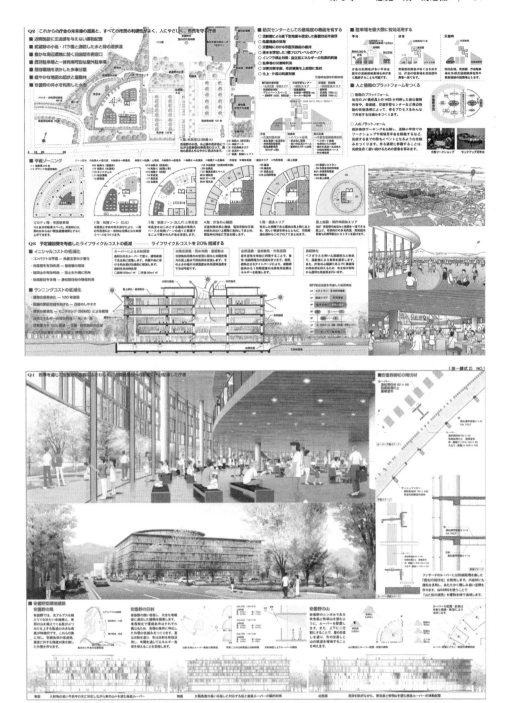

在投标竞赛中靠扇形方案成为优胜者

最初的提案中，设计者考虑到建筑布局不能对周边设施造成压迫感，室外停车场可以与旁边已有的美术馆停车场一体化利用的要素，提出了扇形方案（资料、其他照片：至80页为止由内藤广建筑设计事务所提供；建筑照片：至80页为止由吉田诚提供）。

在归程的车中画出变更方案的速写

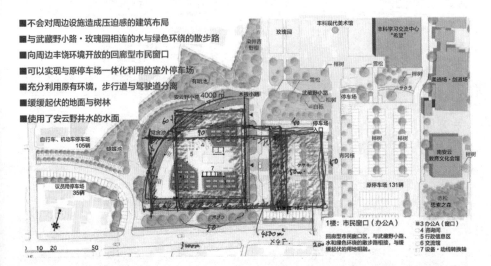

■不会对周边设施造成压迫感的建筑布局
■与武藏野小路·玫瑰园相连的水与绿色环绕的散步路
■向周边丰饶环境开放的回廊型市民窗口
■可以实现与原停车场一体化利用的室外停车场
■充分利用原有环境，步行道与驾驶道分离
■缓缓起伏的地面与树林
■使用了安云野井水的水面

在投标竞赛中获选的扇形平面方案图上，内藤画出了修改后的长方形方案的素描。在图上可以看出他在考虑到合理的跨距、必要的面积、日照对西北方向老人保健设施的影响等因素后，将方案修改为一栋细长楼方案和分栋方案的情形。

　　他很快就改变了设计。离开安云野市的途中，内藤在车里画出了长方形方案的素描。考虑到必要的面积及对养老院的影响等，他设计出了一栋楼和多栋楼的方案。回到东京后他立刻就将两种方案交给了员工。

　　"竞赛中为了取胜必须展现出'一技之长'，但这样无法正确掌握当地的实际情况。所以之后为了反映当地的需求而改变设计，我也不觉得辛苦。"还有一个重要原因是，竞赛胜出后，内藤了解到了这栋建筑发展至今的背景。安云野市是 2005 年由 5 个村镇合并后诞生的，在面积为 332 km^2 的土地上分布着 9 所市政厅。有市民提出为了提高效率，应当设立一个代表安云野市的市政厅总部；但也有人反对，认为使用已有的市政厅即可。决定建设地点的过程也充满了曲折。

　　"市长就在我眼前，他在出现反对意见的情况下，斟酌各种决定，才走到现在这一步。作为建筑师，我必须对他们的期待做出回应。"宫泽市长的要求是"质朴刚毅的市政厅"，内藤也积极接受并将其体现在设计中。"用词有点陈旧，却适合现代的思考方式。让我们贯彻这一主题，建造一所合理的市政厅吧。"

以合理建筑为目标，将方案修改为长方形方案

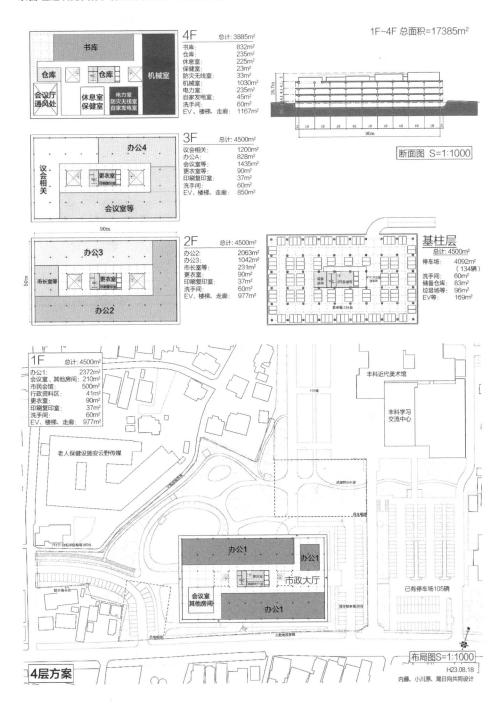

4层方案

最初的厂房新方案，各室被大致安排在每层4500㎡的长方形平面中。投标竞赛时设计的地上5层建筑被修改为地上4层建筑。最终的布局为：2楼为市长室与危机管理及街道建设相关办公室；3楼为议会和教育委员会等；4楼为会议室与眺望台等。

在和市长最初的面谈中转换方法

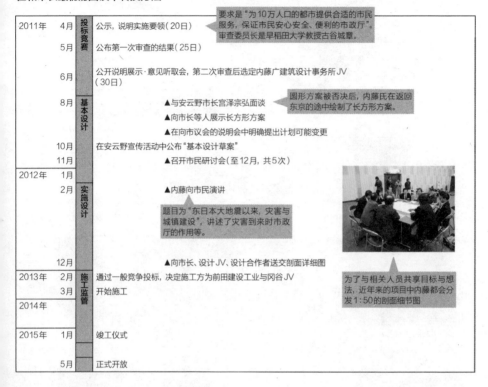

2011年	4月	投标竞赛	公示, 说明实施要领 (20 日)
	5月		公布第一次审查的结果 (25 日)
	6月		公开说明展示·意见听取会, 第二次审查后选定内藤广建筑设计事务所 JV (30 日)
	8月	基本设计	▲与安云野市长宫泽宗弘面谈
			▲向市长等人展示长方形方案
			▲在向市议会的说明会中明确提出计划可能变更
	10月		在安云野宣传活动中公布"基本设计草案"
	11月		▲召开市民研讨会 (至12月, 共5次)
2012年	1月	实施设计	
	2月		▲内藤向市民演讲
	12月		▲向市长、设计 JV、设计合作者送交剖面详细图
2013年	2月	施工监管	通过一般竞争投标, 决定施工方为前田建设工业与冈谷 JV
	3月		开始施工
2014年			
2015年	1月		竣工仪式
	5月		正式开放

要求是"为10万人口的都市提供合适的市民服务, 保证市民安心安全、便利的市政厅"。审查委员长是早稻田大学教授古谷城章。

圆形方案被否决后, 内藤氏在返回东京的途中绘制了长方形方案。

题目为"东日本大地震以来, 灾害与城镇建设", 讲述了灾害到来时市政厅的作用等。

为了与相关人员共享目标与想法, 近年来的项目中内藤都会分发 1:50 的剖面细节图

宫泽宗弘市长希望办公楼为长方形平面, 于是内藤立刻决定更改方案。他向市议会与市民表现出了对更改设计的灵活态度, 同时也反复传达出了市政厅作为防灾据点的重要性 (资料: 根据采访制作而成)。

简单传达效果

当月下旬, 内藤迅速向安云野市长提出了新方案。将市政厅平面更改为长方形。支柱的间隔与数目虽然与施工案有所不同, 但却展示了长方形方案的方向性。

内藤努力消除当地对成本及利用程度的不安, 这一态度在其今后的方案展示中也有所体现。

2011 年 10 月分发给市民的"市政厅总部建设基本设计草案"手册就是其中一例。手册避免了抽象的表达方式, 使用能够直接说明用途的语言, 介绍了因为成本与使用寿命而将建筑形状简单化, 使用现成窗框以降低成本且方便保养等内容。

内藤在之后向市长及市议会的展示中, 为了传达"设计以合理性为基础"这一原则付出了努力。内藤广建筑设计事务所 (东京都千代田区) 的蛭田和则董事长回忆道: "他通过模拟空气调节来展示运营成本等方法, 用具体数据来传达设计目的。"

长方形平面的南北侧是办公室，中央为含有两个通风楼梯的大厅。7.8 m×11.6 m的规则性跨距，平面构成简单又易懂。大型通风处是上下动线的轴心。

在演讲会上向市民热情演说

2012年2月举办了演讲会。内藤向聚集于此的市民热情解说了包括灾害发生时在内的市政厅的应有功能。

坚持防灾据点的设计

内藤在配合安云野市的要求时，从未改变自己所追求的设计理念。

2011 年 6 月，东日本大地震后不久，投标竞赛就开始了。内藤深刻感受到"灾害发生时市政厅发挥的巨大作用"。

因此，他在投标竞赛的意见听取会中，把大部分时间都用在了防灾上。灾害发生时为了让市政厅发挥最大作用而应该采取的行动；灾害发生时为了能够让市民利用，平日亲近群众十分重要等。

该项目负责人、财产管理课课长助理久保田薰，回忆意见听取会上内藤的态度时这样说道："因为当天早上发生了 5 级地震，所以第二次审查的时间被推迟了。内藤以这样的突发事件为契机，脱稿向我们阐述了'应对灾害的市政厅'的必要性。"

2012 年 2 月，内藤参加了面向市民的演讲会。会上，他一边展示受灾地的照片，一边阐述了自己的理念。

2012 年 12 月为止，总结的实施设计中，长方形平面包含了内藤的上述想法。他采用了免震结构，在二楼集中布局了灾害发生时起指挥作用的岗位。机械室则安排在了不易发生水灾的四楼。

内藤果断舍弃投标竞赛时的方案，贯彻市政厅作为防灾据点的前提。与客户的第一次会面虽然说不上顺利，但这样的选择却获取了对方的信任，并成为推动方案进行的动力。

客户的看法

宫泽宗弘
（安云野市市长）

超乎预料的灵活应对

我在竞选时许下诺言"必须建设新市政厅。但是建筑要质朴刚毅，低调设计"，从而成为市长。选择事务所时，最重视的是使用便利度及维持管理的简易度。我们用相当强硬的语气向内藤先生提出了"希望设计为长方形平面"的要求。虽然听说"设计者一般都不听取形状方面的要求"，但他很理解客户的立场，出乎意料地接受了我们的要求。内藤先生不故作姿态，用外行人也能听懂的语言进行说明。在之后的沟通交流中，他灵活的态度给我留下了深刻的印象。

关于景观的考虑与面向市民的开放

实施设计阶段的外观模型（上）与一层的内景透视图。外圈的阳台上设置了纵向百叶窗，其间隔既能够有效防止日晒，还能够确保可眺望到周围山峰的景观。一楼设置了市民窗口的岗位。透视图靠近观察者的一方所展示的多功能区、四楼的会议室、展望室、室外眺望台等在休息日也向市民开放。

利用"蒸汽"升腾式图示
慢慢获得信赖

风格

脱离"一技之长"的投标战术

　　近年来，内藤广建筑设计事务所通过长期参加投标及竞赛获得了许多大型设计工作。例如 2015 年竣工的静冈县草薙综合运动场体育馆（静冈市）、安云野市政厅（长野县）、现在计划中的日向市政厅（宫崎县）、新富山县现代美术馆（富山市）等。

　　但是内藤自己分析后得出："自己的建筑不适合投标或竞赛"的结论。他所提交的方案，并非全部都有华丽的看点或令人印象深刻的形态。"设计竞技中，图画上出现明显的'一技之长'的建筑是十分有利的。我知道自己做不出这种方案，可还是会尝试。"

　　曾有一段时间他总是失败。"最高纪录是 19 连败。有时候会试着做一些似乎能取胜的设计，但失败的时候就会更加失落。"有了这些痛苦的经验，内藤放弃了靠引人注目的形式取胜的方法，取而代之的是尝试"让画像像蒸汽一样，传达出模糊的信息。"

　　2014 年 2 月举行的新富山县现代美术馆的公开投标中，内藤用手绘的红色线稿奠定图纸的基调，给人留下了深刻印象。手绘部分由员工负责，而用红笔速写则是内藤的爱好，这是事务所的惯用方法。

　　设计图非常简略，只挑选了混凝土地板及电梯等要素，内外空间散布着一些使用者的剪影。用地外画着周围排列的建筑物及树木。从图上，人们不仅可以看到建筑本身的形式，还能够感受到设计者的目的，即融合市民喜好的富岩运河环水公园的动线，创造市民汇集的"场所"。内藤还特意在透视图中配上简单总结的文章，让其看上去与建筑的外形要素浑然一体。

　　在模糊的透视图一旁，标示出了包括承接来自公园方向的动线的抛物线等三条轴线。意见听取会上，内藤在谈到宗旨时，还提起了以前设计茨城县天心纪念五浦美术馆的事情。该美术

馆为了在东日本大地震后鼓舞市民，建成半年就开业了。内藤在这次经验中意识到"文化艺术不仅存在于日常生活，而在非常时刻更能够发挥价值"，并说这正是设计态度的主流。

　　内藤意识到可以制作"蒸汽升腾的图示"的初期，他的作品曾在 2001 年举办的岛根县艺术文化中心（益田市）素描式设计竞赛中获胜。

　　考虑到持久性和景观建设，他采用当地的石川瓦覆盖建筑物，画面整体使用了能让人联想到石川瓦的茶色来构图。画面中包含了技术要素，例如使用石川瓦的现场瓷砖铺设的细节图等。此外，布局图、平面图和透视图都采用茶色，充分体现建筑物所带来的温暖与厚重。

　　内藤在这次竞赛中获得了胜利，为"19 连败"画上了句号。

制造"蒸汽效果"的竞赛图示

比起用建筑的形态来强烈表现自我主张，内藤选择努力为图示整体酝酿独特的氛围。图中使用了红色线条的手绘速写，素材的颜色除配合整体图示外，还使用过绿色。

用红线描绘出新富山县立现代美术馆方案

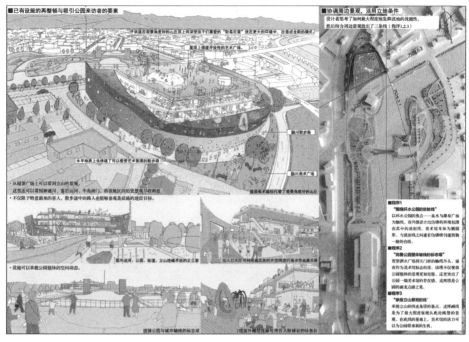

在2014年2月实施的公开征集型投标中被选中。内藤的提案是在屋顶设置配有游戏器材及美术设施的广场，可以与已有的公园一同使用。

岛根县艺术中心设计图用茶色涂染

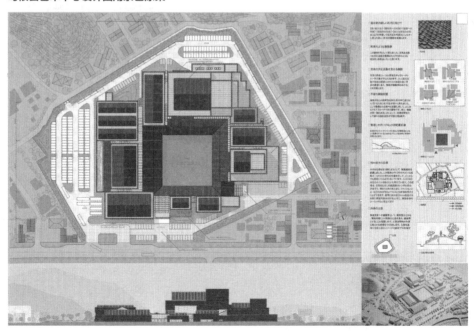

在2001年3月举行的泰描式设计竞技中被选中。内藤在中庭四周设置了两所会馆与美术馆。

立面细节图展示气魄

内藤广建筑设计事务所设计室的墙壁上，挂满了各项目的剖面细节图。不管建筑物规模大小，比例都是 1:50。建筑物整体剖面图中，从结构到具体设备一应俱全。事务所会在设计实施结束后将立面图分发给客户、设计合作者和施工方，请他们张贴在施工现场、办公室等地方。这在设计过程中是重要的展示道具。

就连长 103 m，高 28 m 的静冈县草薙综合运动场体育馆，内藤事务所也按照 1:50 的比例制作了整体立面细节图。图中详细画出了天花板内的管道配置、主体结构的钢配置、覆盖天花板的层积材以及观众席等。

内藤注重提高设计密度。"要制作一件东西，对各部分构成及施工过程的理解是不可或缺的。"在空荡荡的图面上逐渐加入要素，想要创作的空间就会在细节图中慢慢浮现了。"

比例如果选择 1:100 就会过小，不易绘制细节；而 1:20 又过大，不易把握整体。要做到不断观察整体和部分来确认设计，1:50 是最合适的。

事务所的蛭田和则如此评价细节图效果"一边看着墙上张贴的细节图一边与设计合作者或施工方交流，谈话进展就能变快，讨论内容的精密度也会变高。施工现场的领队看过自己负责的部分，也会在把握设计与空间关系的基础上进行操作。"

同时细节图还有展示"认真程度"的效果。"我们所展示的图示包含着对细节的考虑，因此施工方也会绷紧神经、提高士气。还能够向客户传达设计者的气魄，令对方感受到'设计者连细节部分都做过认真思考'。"

打破隔阂，了解对方

虽说设计者的"认真程度"高，但这也可能造成与客户之间的纠纷。在公共建筑项目中，经常有被选中的设计者并非负责人的情况。但是内

剖面细节图张贴在事务所的墙壁上
内藤事务所的设计室中张贴的剖面细节图。
现场办公室也会张贴。

藤评价自己是"不会与客户发生纠纷的类型"。

"我也曾想过，即使发生纠纷也要贯彻自己的理念，这样也许会创造出更好的建筑。说着'你们并不明白'，向客户强加设计者的价值观也未必不可。但是我认为，建筑的价值应该是任何人都能够共享的。"内藤内心存在着对客户的关心与敬意。

通过1：50的剖面细节图共享目的

内藤事务所在每个项目中，都会制作1：50的建筑物整体剖面细节图。蓝图时代他们将图剪切粘贴拼成一张，后来有了计算机辅助设计发展，制图和输出都变得简单了。内藤和员工们经常看着墙上张贴的细节图开展商讨会。

用当地材料搭建的木造大空间

静冈县草薙综合运动体育场的主楼层。充分利用静冈县产天龙杉，采用混凝土、木材、钢的混合结构，构建了长方向105 m、短方向75 m的大空间。灵感据说来源于酸奶盒。

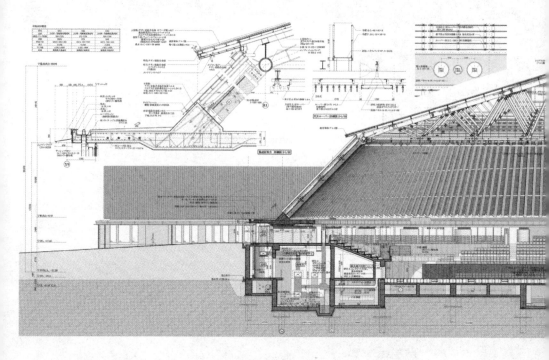

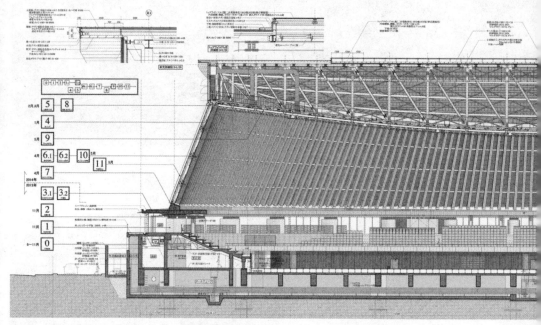

静冈县草薙综合运动场体育馆的细密的剖面细节图

事务所分别沿长边方向、短边方向切出剖面，根据需要还在每一部分添加了细节图。连结合部位的螺丝钉、设备配管都详细画出，以方便确认各部位的构成及彼此有无干涉等。天花板的集成材也全部画在图中，能够很好地传达出室内的环境氛围。

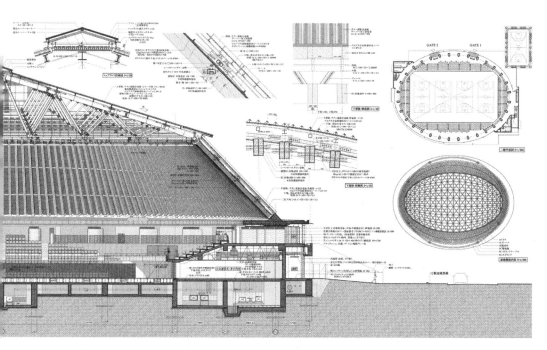

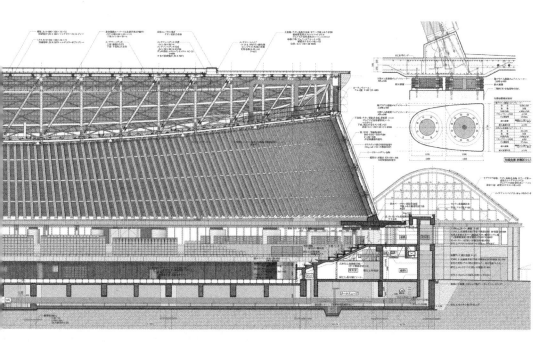

通过轻松的对话理解对方

"内藤很平易近人",本书在对安云野市政厅取材时遇到的相关人员,都如此评价内藤。内藤自己在注重交流的同时,还说"重要的是彻底磨炼对场所、人、技术的直觉,激发对现场状况或对方的想象力。"

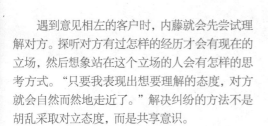

　　遇到意见相左的客户时,内藤就会先尝试理解对方。探听对方有过怎样的经历才会有现在的立场,然后想象站在这个立场的人会有怎样的思考方式。"只要我表现出想要理解的态度,对方就会自然而然地走近了。"解决纠纷的方法不是胡乱采取对立态度,而是共享意识。

　　内藤观察的对象不仅限于客户。从施工公司的现场负责人到工人,凡是与项目有关联的人员他都会尽量去交流,努力理解对方。不管对谁他都会去接触,不会因对方的职位或立场而改变态度。

　　在安云野市政厅项目中共同负责设计的小川原设计事务所的宣传室长小川原吉宏,与尾日向辰文建筑设计事务所的尾日向辰文回忆道:"内藤是有名的建筑师,却常常以朋友的身份来与我们接触。"建立没有隔阂的关系,能够创造出推动计划进行的团结力量。

焕然一新的安云野市政厅

安云野市政厅的外貌。根据市长的要求,内藤将投标竞赛时设计的扇形平面改为长方形平面。

第2章

获得"认同感"的技巧

本章将介绍设计者熟练运用透视图、影像、语言等工具，与客户及业主进行高效沟通的方法。

西田司
On Design Partners

事例学习
东五反田樱花台：精密模型是事业的推动力

风格
用"1 案主义"讲述故事
· 用"贯彻 1 案"令人叹服
· 与客户共享思考过程
· 提高参与意识的仿真模型

西田司：1976 年出生于日本神奈川。1999 年从日本横滨国立大学毕业后，与保坂猛共同设立 Speed Studio。2004 年设立 On Design Partners。担任设计的项目除了大胆解读客户要求的个人住宅外，还有"横滨公寓"(2009 年)、"江之岛湘南港游艇屋"(2015 年)及"集合花园（东五反田樱花台）"(2015 年)等。

东五反田樱花台：精密模型是事业的推动力

事例
学习

募集时制作的各层模型

在房屋内放置桌子、书架，甚至还摆上了餐具和书等小物品。在公用部分为每间房屋都设置了不同的收件箱，共计 10 种，绿道的石板路则用纸建成石头的形状一张张粘贴而成。

外墙到阳台都是自由设计

On Design Partners 事务所（横滨市）设计的"东五反田樱花台"（以下简称"樱花台"，东京都品川区）的 1∶50 的模型非常引人注目。作为代表的西田司表示："我想通过模型传达出具体的效果，让大家觉得可以在这里生活。"

樱花台是 Archinet 公司（东京都涩谷区）策划的 10 层公共住宅。

从 JR 五反田车站出来走 4 分钟就是与绿道相接的建筑用地，面前有一棵巨大的樱花树。虽然环境充满魅力，但建筑面积却略显狭窄，仅为 177 m²。如果按照普通方式设计的话，就可能会变成堆积房屋的铅笔楼。

东五反田樱花台

所在地：	东京都品川区
主要用途：	共同住宅
地域、地区：	商业地域，第一种低层居住专用地域，第一种高度地区（仅第一种低层居住专用地域部分），防火地域，准防火地域
建蔽率：	53.51%（容许97.72%）
容积率：	303.55%（容许358.97%）
基地道路：	东6.43 m
房屋数：	8户
可停车数：	无
用地面积：	177.08 m²
建筑面积：	131.93 m²
展开面积：	534.63 m²
结构：	混凝土造
层数：	地下1层；地上9层
客户：	东五反田樱花台建设工会
策划：	Archinet
设计：	On Design Partners
设计合作者：	铃木启/ASA（结构）、前田设备设计事务所、上玉利电气设备设计（以上负责设备）
施工者：	辻建设
设计时间：	2012年1月—2013年12月
施工时间：	2013年12月—2015年5月（预定）

10层楼的建筑建立在约有8m高差的用地上。左页图是将同一模型按楼层分解后的照片。

（照片：除特别标记外均由鸟村钢一提供）

提出紧凑模型的要点

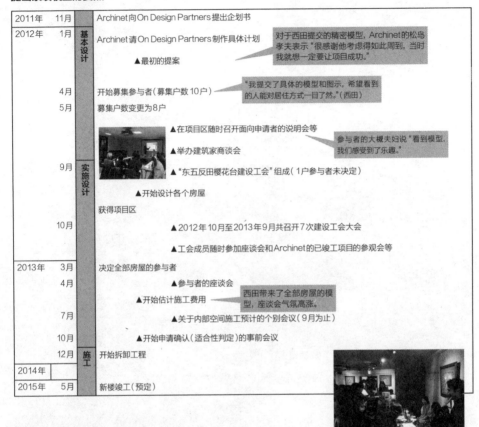

2011年	11月	Archinet向On Design Partners提出企划书
2012年	1月 基本设计	Archinet请On Design Partners制作具体计划
		▲最初的提案
	4月	开始募集参与者（募集户数10户）
	5月	募集户数变更为8户
	9月 实施设计	▲在项目区随时召开面向申请者的说明会等
		▲举办建筑家商谈会
		▲"东五反田樱花台建设工会"组成（1户参与者未决定）
		▲开始设计各个房屋
		获得项目区
	10月	▲2012年10月至2013年9月共召开7次建设工会大会
		▲工会成员随时参加座谈会和Archinet的已竣工项目的参观会等
2013年	3月	决定全部房屋的参与者
	4月	▲参与者的座谈会
		▲开始估计施工费用
	7月	▲关于内部空间施工预计的个别会议（9月为止）
	10月	▲开始申请确认（适合性判定）的事前会议
	12月 施工	开始拆卸工程
2014年		
2015年	5月	新楼竣工（预定）

> 对于西田提交的精密模型，Archinet的松岛孝夫表示"很感谢他考虑得如此周到，当时我就想一定要让项目成功。"

> "我提交了具体的模型和图示，希望看到的人能对居住方式一目了然。"（西田）

> 参与者的大槻夫妇说"看到模型，我们感受到了乐趣。"

> 西田带来了全部房屋的模型，座谈会气氛高涨。

如何在这样的用地提高住宅的魅力？西田认为，通常的公共住宅，都是决定好主体范围后，自由设计内部。而在这里，他希望外部也能够自由设计，通过汇聚在这里的住户创造住宅独有的魅力。

包括两间跃廊式房屋在内，10层的住宅楼共有8间房屋，各房屋的阳台和外墙均可以自由设计。这样一栋房屋外观各具特色、阳台相连的建筑物，便是与绿道融为一体的公共住宅了。

制作一目了然的模型

Archinet的策划人松岛孝夫，认为这个打破常规的提案"很有趣"。西田为了发挥住宅外部阳台的魅力，特地在设计中将建蔽率和容积率留出余地。2012年4月，地产商开始预售房屋。

公共住宅是通过募集业主，结成建设工会，靠出资购买土地、建设住宅楼的计划。能否募集到足够的业主影响着项目的实现，因此募集时的

募集业主时西田准备了1:50的模型。模型让相关人士对居住生活有了更具体的了解，紧紧抓住了他们的心。

在募集阶段就展示了"居住方式"

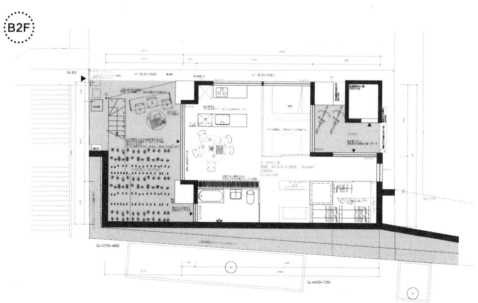

西田以计划和家居布局为例展示了所有房屋的住宅效果，例如有"田地之家（地下2楼）""工作之家（1楼）""宠物之家（3楼）"等。甚至连通常作为公共部分的电梯也表明是用户专用。左页下方的照片是之后完成的建筑物外观（资料：至93页为止均由On Design Partners提供）。

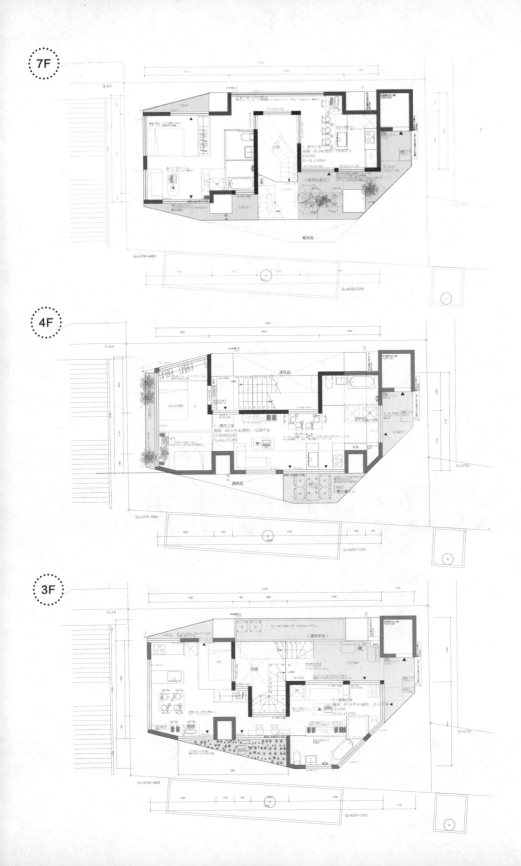

7F

4F

3F

外部自由计划

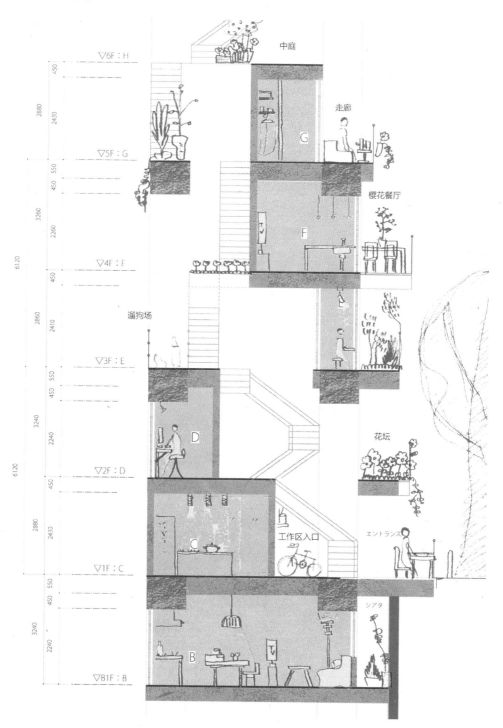

募集阶段的立面草图。通过每两层的框构架造，将避难通道设置在电梯区，使得包括外墙、阳台在内的各房屋空间能够被自由设计。

说明至关重要。但是最初的展示由 Archinet 一方进行，设计者不直接参与。因此，设计者准备了文章开头提到的模型。"用模型展示所有房屋的布局方案和使用范例，是为了让业主一看就能理解。为了展示居住效果，模型制作得十分精致。"

开始募集参加者时计划每层楼安排一间房屋，所以模型展示了居住面积以 $50 \sim 60\,m^2$ 为主的 10 户的变化空间。例如最底层可以将 $32\,m^2$ 的大庭院用作耕地，地上 3 楼则可以将细长的外部空间用作宠物活动地。4 楼室外可以看到樱花，因此设置了面向樱花的室外阳台。设计者还思考了各房屋的宣传用语。

模型给来参加说明会的人留下了深刻的印象。决定参加该项目的大槻圣志夫妇表示："模型再现了咖啡杯和书本等小物品，看上去很有趣。我们看后，脑海中也浮现出了对生活的想象。"参与者对计划感兴趣是因为住宅楼的用地，而产生参加项目的热情和对生活的向往则是因为精致的模型。

当初计划一层安排一间房是为了控制每户的费用。但是后来有人表示"如果居住面积更大一些的话我会参加"，所以 Archinet 决定将计划变更为包括两家跃廊式住宅在内的共 8 间房屋的方案。设计者也迅速提出了跃廊式住宅的修改方案。参与者募集顺利，并于 2012 年 9 月结成建设工会。

胜负从用地模型开始

在设计各房屋的过程中，西田也分别制作了 $1:50$ 的模型。2013 年 4 月举行联欢会时，所有房屋的设计已经基本定型，西田便利用这些模型，向聚集在一起的参与者展示了计划的全貌。参与者看过模型后，对于将这些全部设置在一栋建筑物的艺术，都感到十分兴奋。

Archinet 的策划人松岛也被模型打动了。但打动他的不是建筑模型。在最初设计商讨会的时候，西田准备了精心制作的用地模型，里面包括石板路和已有的树木等。"我们的计划重点在于如何利用与周围事物的关系，西田能够认真解读到如此地步，他的努力打动了我。"松岛在感动的同时，更加坚定了实现计划的决心。

西田制作的模型连细节都十分到位，令观看方内心产生"看上去充满乐趣""居然会做到这种程度"的想法。

策划人的看法

松岛孝夫
（Archinet 策划人）

能站在参与者视角进行交流的人

能与参与者站在同一视角进行对话的人，适合成为公共住宅的设计者。我看过西田以往的作品，认为他是"根据当事人的生活，提出设计方案的设计者"，所以将设计委托给了他。在容易变成杂居楼的用地上，我们希望他能够提出一种新型生活的方案。参与者之间的关系也很融洽，项目进展很顺利。

最初打动松岛策划的用地模型（照片：Archinet提供）。

参与者的看法

大槻圣志夫妇

能站在参与者视角进行交流的人

西田平易近人，擅长倾听。在设计阶段，他的回应非常周到。期间我们曾要求更改卧室的位置，他提出了两种方案，一种是原封不动地实现我们的要求，另一种则更加有趣。看了后者，我们在认可的同时，还非常感谢他为我们做到如此程度，一下就被打动了。能原封不动地实现要求也让我们感到开心。

表现生活场景

设计者为了帮助客户想象生活场景，甚至制作了模型中阳台上的小物件。建筑与外部绿道的关系也一清二楚。

用"1案主义"讲述故事

风格

用"贯彻1案"令人叹服

西田司主持的 On Design Partners（以下简称 On Design）的展示坚持"1案突破主义"。他们在最初设计提案时就只准备一种计划。不会制作相反提案或列举多种方法比较优缺点的表格等。

西田的理由是："我们的方法是提出包括居住方式在内的方案。如果同时展示两种方案的话，对方总会根据个人好恶来判断。"

他们也希望将考虑两种方案的时间和精力，用在优化1个方案的工作中。"最初的提案通过率近九成"，如果没能得到对方的理解，"到时再从 0 开始考虑下一种方案"。

西田还认为 1 案主义在和客户建立信赖关系上也十分重要。"比如患者接受诊疗的时候，需要的不是摆在眼前的选择，而是医生所考虑的最佳疗法。设计者也是专家，关键是要展示一个集大成的路线。"

这样的 1 案，能够引发客户都没有意识到的建筑计划的可能性。为此，有时还会完全推翻客户提出的初期条件。On Design 的代表作"横滨公寓"（横滨市），就诞生于这样的"贯彻 1 案"主义。

该租赁集合住宅于 2009 年竣工。在设计阶段，客户 K 夫妇当初表示"租赁房屋有 6 户的话，租金也便宜些，会比较好"，但 On Design 还是提出了 4 户的方案。

K 夫妇希望建成年轻艺术家可以在房屋内创作、展示作品、招揽观众的公寓。对此 On Design 提出的方案是，在 2 楼安排 4 家约 22 m² 的小型房屋，将用于制作、展示、日常烹饪的开放式空间安排在 1 楼。

如果要保证 6 间房屋都有制作空间，那么房屋面积和利用程度都会变得不上不下。设计者认为，将房屋减少至 4 户并设置在 2 楼，将 1 楼作为公共空间，公寓的利用价值就会提高，魅力也会增加。K 夫妇对 4 户方案感到满意，最终公寓完全按照设计方案竣工了。

横滨公寓

所在地：	横滨市西区
主要用途：	集合住宅
用地面积：	140.61 m²
建筑面积：	83.44 m²
展开面积：	152.05 m²
结构：	木造
层数：	地上2层
设计：	On Design Partners
设计合作者：	坂根结构设计（结构）
施工者：	伸荣
竣工：	2009年8月

K夫妇的要求考虑到年轻艺术家以及对地域的贡献，设计者配合这些要求制定了计划。如今 On Design Partners还会参加居住者每月举行的运营会议。K夫人说："一有空房就马上有人来租，已经搬出去的人年末大扫除时依旧会来帮忙。"竣工后5年丈夫离世，她表示："变成一个人之后，更加觉得这栋建筑物宝贵了。"

获得客户认可的4户方案

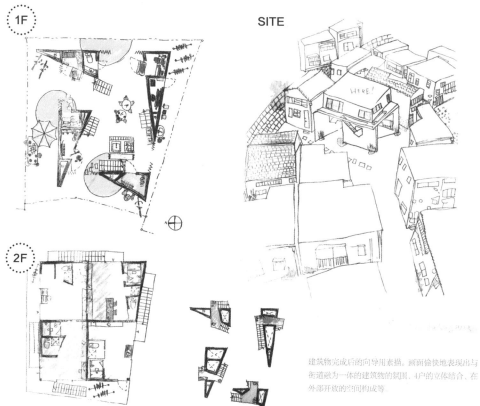

建筑物完成后的向导使用素描。画面愉快地表现出与街道融为一体的建筑物的氛围。4户的立体结合、在外部开放的空间构成等。

1楼用于制作或举办活动的公共空间。四个角落的中心部分设置有居住者使用的收纳空间。各个台阶上分别是4间房屋的房间（照片：安川千秋提供）。

K 夫妇被这个方案吸引有三大理由。一是以开放在外部的公共空间为代表，该方案比 K 夫妇当初描绘的形象要更加丰富。二是满足了夫妇对采光和确保有搬运口的要求。三是考虑了 K 夫妇没有注意到的地方，例如投资回收期间的计算、保养及运营方法等。K 夫人回忆说："我们觉得不做多余的指示，全部交给他们负责就是最好的了。"

尤其令 K 夫妇感到安心的是，On Design 率先提出了参与策划 1 楼公共部分的运营。正是因为只集中提出了 1 案，才能消除客户的不安。

与客户共享思考过程

像这种大胆的方案，设计者也未经实践验证，因此要获得客户的信赖十分困难。西田说："答案在与客户的对话中。"

在关于提案最初的两次意见听取会上，西田和 On Design 的负责人都彻底扮演倾听者的角色。房屋建设中看重的要点、厨房和客厅的使用方法、必要的收纳容量等，他们耐心地听取了客户的要求。

2014 年 3 月为止一直与 On Design 合作的中川 Erika（中川 Erika 建筑设计事务所法人），这样说道："他在听对方讲话的时候，会注意不去破坏方案的多种可能性。面对成本及房间方面等难以实现的要求，他也绝对不说'做不到'。"

中川自己也注意通过意见听取会找出客户在意的地方。"事后再看听取会时的笔记，就能发现客户反复强调的话。我们以此为起点思考接下来的发展方向。"

On Design 在向客户展示时，会在资料中落实谈话过程。初期的展示阶段中他们经常使用"说明书"，即用简单的速写和短小的文章表达概念的绘本。

最初的提案阶段，他们会准备平面图、剖面图、模型与说明书。一边让客户阅读说明书一边阐述计划的宗旨，之后再展示图示和模型。目的是"最开始就说明设计该方案的想法，从而与客户达成一致。"

说明书将意见听取会上客户提出的要求，和On Design 与之相关的提案以对话的形式写成文章。后半部分还会放上模型照片。说明书会分发给客户，这也是一种让客户事后边重新考虑方案边参与讨论的工具。

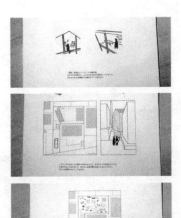

独户住宅的"房间与空地"的说明资料

这对夫妇的兴趣不同，一个喜欢冲浪，一个热衷于音乐。说明书中使用简洁的语言表达了设计想法，例如"分别设计各自的空间与二人共处的大房间""为了让二位无所顾忌，试着将家分割开来"等（照片：连同右页由本书编委会提供）。

各种说明资料

根据项目的不同，说明书的大小、合书方式、内容构成和表达方式等都有变化。一般在最初的说明展示阶段制作。

对 On Design 来说，制作说明书不仅能帮助他们整理设计想法，还可以锻炼他们组织语言的能力。

提高参与意识的仿真模型

最终推动客户心境变化的是，能否使客户感到计划"有趣"。实际上，On Design 提出的方案，一般人只看图示的话很难理解空间的构成。他们也意识到了这一点，为了让客户一目了然，在制作精致模型上下了一番苦功。

独户住宅的情况下，他们会在最初的展示阶段准备 1:20 或 1:30 的模型。如果客户有希望搬进新家的家具，他们也会放入模型中。前文中提到的横滨公寓的客户 K 夫人也表示："看到模型的一瞬间，就立刻掌握了整体效果，心情也激动起来了。"

项目不同，模型的素材也会变化，模型的展示方式也别具匠心。在计划实施中的"大家庭"的模型里，家人各自的房间也可以自由拆卸。

这个家庭共 9 口人，夫妇和年龄跨度从高中生到 30 岁的 7 个孩子。"家庭整体是很重要，但是客户也想让每个个体得到尊重。所以，我们制作模型时有'我的箱形空间'的意识，让各自的房间都可以拆卸自如。"

在家庭全员都出席的商讨会上，房屋模型发挥着作用，一家人不仅对于各自的房间，对客厅等公共空间也积极地提出了意见。

大家庭

所在地：	东京都世田谷区
主要用途：	专用住宅
用地面积：	345.52 m²
建筑面积：	155.98 m²
展开面积：	392.67 m²
结构：	混凝土造；一部分土造
层数：	地下1层；地上3层
设计：	On Design Partners
设计合作者：	铃木启/ASA（结构）
	前田设备设计事务所（机械）
施工者：	荣港设计
竣工：	预定2014年6月

分解单人房间

为已独立的家庭成员准备了 9 个房间。这款模型可以通过组合各个房间最终变成一个住宅（照片：均由 On Design Partners 提供）。

Coelacanth K&H
堀场弘、工藤和美

事例学习
千叶商科大学 The University DINING：
重视使用方法，借"有家具"展开讨论

风格
倾听利用方法，做出真实回应
・用歌留多 引出使用者心声
・用模型照片表现空气感
・用三维 CG 展示空间联系

堀场弘、工藤和美：1986 年，于东京大学研究生院毕业的两人与其他 4 人设立
Coelacanth 公司。1998 年改组时设立 Coelacanth K&H 并经营至今。担任的设计项
目有"坂井市立丸冈南中学校"（2006 年）、"金泽海未来图书馆"（2011 年）、"山鹿市
立山鹿小学"（2013 年）及"千叶商科大学 The University DINING"（2015 年）等。

千叶商科大学
The University DINING：
重视使用方法，借"有家具"展开讨论

事例学习

"不理解使用方式的话，就无法理解空间的存在方式。我们时刻注意与客户交流使用方式，加深客户对于提案中的空间的理解。"和堀场弘共同经营 Coelacanth K&H（以下简称 K&H，东京都杉并区）的工藤和美在做展示时，时常注意到这一点。

2015 年 5 月开始投入使用的千叶商科大学（千叶县市川市）的学生食堂"The University DINING"就是其中之一。他们一边预想学生的就餐场景，一边与客户展开交流，成功设计了一个由 LVL（单板层积材）格子天花板覆盖的巨大平房空间。

食堂如广场，学生的自由场所

K&H 曾设计过千叶商科大学的丸之内卫星校区。以此为基础，千叶商科大学校长岛田晴雄

千叶商科大学The University DINING

所在地：	千叶县市川市
主要用途：	大学学生食堂
地域、地区：	市街化区域，法22条指定区域，第二种高度地区住宅地建成施工规制区域市川市地下文物调查区域，景观计划区域等
建蔽率：	30.80%（包含已有）
容积率：	95.81%（包含已有）
用地面积：	75 994.49 m²
建筑面积：	1213.65 m²
展开面积：	1120.30 m²
结构：	钢造、一部分木造
层数：	地上1层
设计管理者：	Coelacanth K&H
设计合作者：	佐藤淳结构设计事务所（结构）
	环境工程（设备）
	月照办公室（照明）
	建筑枢轴（制作1/f摇晃计划）
施工者：	竹中工务店
设计时间：	2013年4月 — 2014年3月
施工时间：	2014年7月 — 2015年4月
开馆年月：	2015年5月

考虑到动线与利用便利度，将中庭方案修改为大屋顶方案

大家的休息空间

新自助食堂

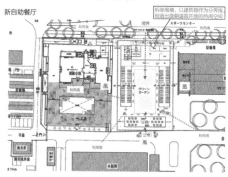

坐席靠窗的休息空间，以及绿色花园的空白空间

中庭回廊空间，无论从哪个方向都可以进入，视野开阔、通风良好

修改过程

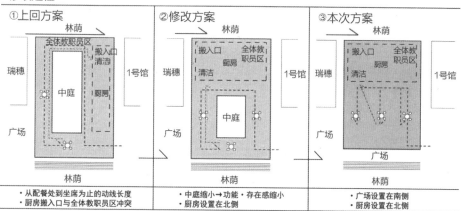

①上回方案	②修改方案	③本次方案
·从配餐处到坐席为止的动线长度 ·厨房搬入口与全体教职员区冲突	·中庭缩小→功能·存在感缩小 ·厨房设置在北侧	·广场设置在南侧 ·厨房设置在北侧

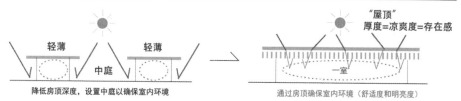

降低房顶深度，设置中庭以确保室内环境

通过房顶确保室内环境（舒适度和明亮度）

在2013年6月5日的方案中，K&H提出了建筑物环绕中庭的设计方案。7月29日方案中，他们展示了"将厨房设置在中庭东侧的方案修改为设置在北侧的方案后，最终决定大屋顶方案"的思考过程（资料：到110页为止均由CoelacanthK&H提供；照片：第98与第102页由渡边和俊提供）。

木格子天花板下的宽敞空间

对 K&H 的建筑评价颇高，继而将食堂的设计也委托给他们。"食堂是大学校园里重要的生活空间。而我们学校的地下食堂，已经变成仅用来吃饭的通道了。所以我委托他们创造一个让校园生活丰富多彩的'自由场所'。"

K&H 参与了选择建设用地，2013 年 4 月视察过现场后开始着手制作方案。工藤提出的方案是，把原先被两条横穿校园的林荫道包围在中间的停车场设置在用地内，"这样无论从里面还是从外面都能看清校园的风景，我们创造的是如同广场般的空间。"

经过与事务所的商讨会、在面向大学的讨论委员会等多次展示，7 月 29 日，设计方针的大体框架得以确立。最开始 K&H 坚持实现设置中庭的方案，但最后更改为由大屋顶覆盖的长方形平房方案。

我们看过 K&H 的说明资料后，注意到了几个特征。

一是设计者将他们认为的最佳方案作为"推荐方案"来展示。他们不会设计多个方案让客户来选择。而是将想法集中在 1 个方案中，直接传达设计者的理念。并且他们不会只让客户看推荐方案，还会优先接受客户提出的要求和问题并进行讨论，也会明确展示出整理问题的过程。通过"明确说明选择这个方案的理由"，获得客户的理解。

在 7 月 29 日的展示中，K&H 也展示了从中庭方案到大屋顶方案的思考方式的变化。中庭方案又分为"上次方案"和"修改方案"。前者，厨房设置在东侧，取餐处到座位之间的距离以及动线的交叉等成为难点；后者，厨房设置在北侧，如此一来中庭面积就变小了。两个方案都没有办法确保座席的空间。

而大屋顶的"这次方案"解决了上述问题。中庭方案的优点在于明亮和舒畅感，K&H 的提案用大屋顶设置的头顶照明来弥补。

2013年7月29日提出的大屋顶方案中的座席空间。K&H用模型展示出了随着时间变化而变化的顶部光照,实际内装与家具设计由LINE公司负责。

展示大屋顶方案的空间效果与利用方法

与上图相同,也是7月29日的说明展示。K&H用透视图展示出大屋顶方案的宽阔空间的同时还列举了举办宴会的利用模式。

展现大屋顶张开的场景

完成后的外观。因为用地内有埋藏式文化遗产，所以用台阶提高了地基，并在地基上建造了大屋顶平房。阳光从大屋顶上不规则的顶光处穿过2段式格子状LVL（单板层积材）的房梁，斑驳地照射在室内。

　　第二个特点是 K&H 虽然不负责内部装修和家具，但却从初期阶段就开始具体讨论桌子的摆放。无论哪个阶段，他们都展示出了食堂可以实现大学所追求的灵活利用的特点。7 月 29 日的方案展示了在餐厅进行午餐或举办聚会等各式各样的利用方法。他们为摆放着桌子的室内模型的照片上色，努力使校方能够更加容易地掌握食堂的空间效果。

通过共享效果防止理念动摇

　　K&H 重视的另一点是，初期与客户之间的效果共享。如果对客户所提出的各种要求都一一满足的话，设计者就容易迷失最初的概念。但是，堀场说："只要在最初的阶段获得客户对空间计划的共鸣，之后即使对方提出相反的要求，我们也能够回到原点。最开始通过透视图或模型，获得对方的好感，这是我们的目标，也十分重要。"

通过悠闲舒适的空间效果，在初期获得共鸣

中庭方案的内外观透视图（上2张）与大屋顶方案的
外观透视图（右）。虽然建筑物的平面计划发生了改
变，但通透性高的舒适的空间构成、不破坏街道林
荫景观的建筑规模等设定却始终未改变。

用多个模型反复讨论

在随机配置支柱的计划过程中，K&H制作了多个模型，反复进行了讨论修改。说明展示中他们用CG展示了室内光照的状态。

虽然由中庭方案改为大屋顶方案，建筑物的布局发生了变化，但是舒适空间带来的内外视觉延伸效果却没有改变。期间有人提出需要设置隔断，但大家还是通过回顾当初的设计效果，再次确认了单间形式的优点。

进入实施设计阶段后，K&H 提出了随机设置支柱的方案。要向非专业人士从结构角度说明支柱不规则排列的意义并非易事，在这里他们展示了随机设置支柱能够提高桌子配置的灵活性，从而获得了相关人士的认同。

客户的看法

岛田晴雄
（千叶商科大学校长）

被能够改变人行动的空间感动

过去我就曾经因工藤和美女士担任设计的建筑深受感动。她认真观察人，设计出来的空间能够改变人的行动。在我参观的小学里，老师的桌子设置在公共空间，孩子们可以近距离地和老师说话。如果是封闭的办公室，就做不到这样。也就是说孩子们的行动因为空间而发生了变化。

我希望这样的理念也可以运用到我们的校园中，作为校长，我竭力实现了。看到在完工后的食堂悠闲休息的学生增多，我感到很高兴。

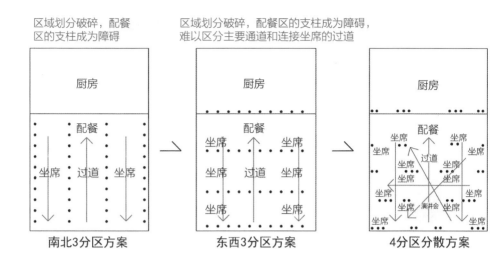

南北3分区方案 | 东西3分区方案 | 4分区分散方案

参考利用方法，提出随机配置支柱方案

K&H一边思考配餐处的配置与使用者动线等利用方法，一边讨论如何配置支撑大屋顶的支柱。
他们具体标出座席的摆放等细节，说明了随机配置支柱时利用便利度最高的情形。

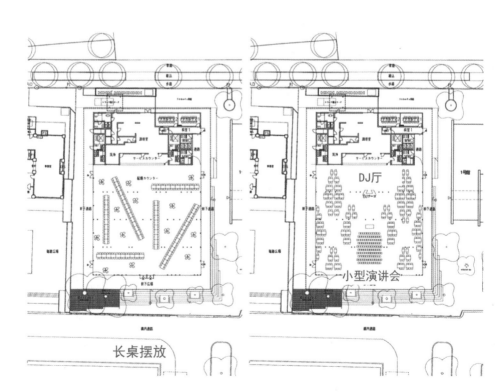

长桌摆放

倾听利用方法,
做出真实回应

·风格

用歌留多引出使用者心声

"木板""开放空间""阶梯""自习申请台""普通教室"……这些叫"学校歌留多",上面有空间和各部分的照片,以及相对应的名称。参加研讨会的人被分为两队,将纸牌放在 7 层教学楼的剖面图上,以此说明自己希望各层能具有的功能。

"学校歌留多"是工藤和美担任教授的东阳大学想出的点子。工藤在说明使用歌留多的目的时说:"使用能看到具体形象的照片,非专业的参加者也能轻松加入到建筑的话题中。我们会以研讨会所得出的意见为基础,找出相关人员在学校建设中最看重的点。"

在预定于 2019 年创办的北区立田端中学(东京都)计划中,共开展了 5 次聚集地区居民、监护人、学校相关者的研讨会。第四次时采用了文章开头提到的歌留多方法。

K&H 从两队完成的"歌留多剖面图"中,提取了"考虑到学生的移动路线和避难路线,将普通教室设置在 3 ~ 5 楼""将管理区和体育馆设置在 2 楼"等方法,并反映在了设计方案中。看过研讨会的北区负责人,对这种对话型设计方法评价颇高。

近年的公共建筑计划中,面向使用者的研讨会越来越多。在这样的场合中,K&H 留意的是,不让话题转向"对形式的个人好恶"的方向上。他们明确认清使用者与设计者之间的角色分工,"听取使用者方对建筑'使用方式'的要求,设计者提交相应的'具体形式'做出回应。"

2006 年完成的坂井市立丸冈南中学(福冈县),就是用这种计划顺利进行的事例之一。这是一所新设立的学校,教室根据学科来设置。K&H 在投标中获得该项目,通过预定就职的教师参加的研讨会,他们一边大幅度修改最初的方案,一边进行设计。

K&H 询问了各科教师"想怎样授课"。比如,有教师提出希望能在理科教室看到各种实验道具,于是他们就提出了用陈列橱窗展示道具的方案,并制作了 1 : 200 的模型与教师一同讨论,进一步完善设计。

从与设计主干有关的内容到内部装修,教师所提出的意见千差万别。即使如此,考虑到"细分意见听取会的主题的话,大家就不容易提出意见了",因此从最初开始 K&H 就扩大了话题的范围。

研讨会上使用歌留多

北区立田端中学的基本设计阶段举办了5次研讨会。为了回应"希望尽量确保操场宽敞"的要求,事务所在第3次研讨会的时候就决定了带有屋顶泳池的7层教学楼方案。第4次研讨会上,他们与参加者使用歌留多讨论了7层建筑的剖面布局。

将研讨会的意见誊于纸面

学校歌留多断面图（A班）

整理工作结果的图纸。K&H总结了参加者的意见，写出了上下楼层的联系、学生与老师的距离感等要点。

在共享效果上大放异彩的"学校歌留多"

精选出学校建筑要素的学校歌留多。除了有标有室名的牌，还有展示"木制内装""少人数教室"等效果的纸牌。

体育馆的位置、校园的景观等与布局直接关联的意见，反映在设计的初期阶段，而与教室内的黑板、公告牌的设置相关要求则放在实施阶段。整理要求的等级，随着设计的进行逐步采取相应对策才是设计者的职责。

用模型照片表现空气感

K&H 虽然能够接受最初方案的大幅修改，但有时也会原封不动地实现最初提案中具有特征的空间设计。2011 年竣工的"金泽海未来图书馆"（金泽市）中，公开募集型投标时的模型照片就是他们的设计目标。

他们的目的是建设一个可以让学生自在读书的、被自然光照包围的箱型大空间。被比作"蛋糕盒"的长方体的建筑物形态虽然简单易懂，但问题是如何在投标的提交方案中，表现出容量充足的阅览室的舒适感。为此，K&H 在模型照片中下了苦工。

因为金泽市积雪较多，所以他们考虑用外墙整体透过自然光线的方法来取代头顶照明。而外墙则设想为混凝土和铁板构成。接下来就是如何制作这样的模型。如果只用冲孔金属板轻轻贴在外墙上，模型看起来就不牢靠，照射进来的光线看上去也像平板。于是他们委托镂金专家，制作出波浪状的凹凸不平的冲孔金属板。这样就为不均匀传播的穿透光线带来了厚度。

K&H 对拍摄完成后的模型很重视。半夜完工，他们立刻进行了拍摄，但人工照明的光呈直线，与想象中的氛围不符。他们觉得"这样有点不对"，于是等天亮后又在屋顶重新拍摄。这次，光线透过波浪形的冲孔金属板，产生了柔和的效果。

堀场说："模型制造了 CG 无法表现的氛围。制作模型后，还会产生我们想象不到的东西。当我们感觉有了飞跃性变化的时候，设计也会顺利进行。"在之后的设计过程中，他们在和客户交换意见时，也都是在共享"实现被光线包围的大空间"这一基础上进行的。

用三维 CG 展示空间联系

模型虽然连光线的质感都能表现，但因为人与人的视点不同，所以弱点在于对方想看的部分未必能够看到。而能够从同一视点观察的三维 CG，就在容易集中论点上具有优势。

金泽海未来图书馆

所在地：	金泽市
主要用途：	图书馆
用地面积：	11 763.3 m²
建筑面积：	2311.91 m²
展开面积：	5641.90 m²
结构：	钢造，一部分混凝土造
层数：	地下1层，地上3层
客户、运营方：	金泽市
设计：	CoelacanthK&H（建筑）
施工者：	户田建设、兼六建设、 高田建设JV
竣工：	2011年3月

在 45 m² 的正方形平面建筑的 2、3 楼，设置了高 12 m 的通风空间，用作阅览室。设计时进行了一些细微的更改，例如将投标时设置在地下的闭架书库移至地上并改为车库等。基本结构的中心是被柔光包围的阅览室，这一部分得以原封不动地实现。

追求"光线的空气感"

投标时制作的阅览室模型。表现出了只支撑重力的细支柱所撑起的大空间。他们不仅注重展现柔光照入的空间的质感，在素材和摄影手法上也下了功夫。

被光线环绕的大空间阅览室

竣工后的阅览室。外墙为承重墙，上面镶嵌了6000多个三种不同大小的圆形玻璃窗(照片：吉田诚提供)。

表现木材构架与联系

东松岛市立宫野森小学的CG图。仅靠图纸或模型难以掌握的"空间联系与效果",在这里随着视线的移动一目了然。

客户通常很关心建筑的视野,比如医院,从病房向外望去的风景是什么样的?学校,从教师办公室眺望的景色如何?面对这样的客户,K&H会用 CG 来展示窗户外的景观,以及房间的连接状态。堀场说:"特别是对于从各个房间开始布局整体结构的建筑,用 CG 展示是十分有效的。"

接下来介绍的事例是东松岛市立宫野森小学(宫城县)。

K&H 在展示时,让视点从外观到建筑物的入口,再到建筑物内部移动,上下左右环视四周。在展示对方关心的部分的同时,对木材的构架、能够照进光线的高窗的样式、开放性教室的连接状态等进行说明。他们直接使用了设计时所制作的绘图,所以成图不够细致精确。与此相对的,一些重点部分则方便对方展开想象,例如在室内摆放好桌椅、桌子上放有电脑等。

利用 CG 做说明展示,可以提供仅凭图纸或模型所理解不了的空间的模拟体验,使客户及使用者的情绪高涨。"提出超乎对方想象的方案,让其对此产生期待也是很重要的。这样一来,客户就会逐渐产生将建筑托付给设计者的意识。"

这一事例中,也体现出了 K&H "提出空间方案也是设计者的职责"的理念。

用一组镜头进行展示

松岛市立宫野森小学由东日本大地震中受灾的两所小学合并而成,被转移至丘陵地重新建设。K&H作为盛综合设计(仙台市)的合作方参与设计。在公开募集型投标中,他们提出的方案确保了环绕中庭的教室到北侧森林的视野开阔。

大谷弘明
日建设计

事例学习
京都丽思卡尔顿酒店：以文化论为基础，坚
持设计方针

风格
话不多言，用图画与音乐来传达
· 用戏剧性影像抓住人心
· "计算精准"的逼真透视图
· 用手绘图示迅速解决问题

大谷弘明：1962 年出生于日本大阪府。1986 年毕业于日本东京艺术大学美术学部
建筑专业，入职日建设计。执行决策人，2016 年开始担任设计部门副统管等。凭借
自宅"积层之家"的设计于 2005 年获得日本建筑学会奖。担任的设计有"KEYENCE
本部研究所"（1994 年）、"宫内厅正仓院事务所"（2008 年）、"本町花园城市"（2010
年）及"京都丽思卡尔顿酒店"（2013 年）等。

京都丽思卡尔顿酒店：以文化论为基础，坚持设计方针

事例
学习

"我的展示大概在公司内也独具一格吧。"在日建设计担任执行决策人的大谷弘明如此评价自己。他年轻的时候就在日建设计的大阪事务所工作，2005 年凭借个人设计的"积层之家"获得了日本建筑学会奖。在日建设计中，他也是一位知名的设计师。

提到组织设计公司的展示，人们通常有用理论、客观的语言说明方案的印象。但是大谷却表示："与从环境及业务持续性计划开始解说的性能主义不同，我们以文化为中心讲述。"2014 年 2 月开业的"京都丽思卡尔顿酒店"项目正是如此。

编织"日本建筑之美"

经营方的积水住宅（大阪市）于 2006 年从藤田观光公司那里获得了京都藤田酒店的土地，并在日建设计参与项目后展开了讨论。2008 年冬季，确定将建筑物作为酒店进行再开发的方针，大谷加入设计队伍中，2009 年 5 月基本设计开始。日建设计负责建筑、外部装修的设计以及项目管理。

2010 年 8 月，在向积水住宅的和田勇会长讲解后，项目得到正式认可。2011 年在实施设计阶段中，决定丽思卡尔顿集团为酒店的运营方。同时海外事务所参与了内部的装修设计。在向相关人员说明建筑的宗旨、获得认同时，大谷的展示也发挥了很大的作用。

我们看过在上述说明中使用的 PPT 内容后，发现其中说明设计背景时，日本建筑文化的部分格外引人注目。"为了让对方重新认识到日本建筑之美"，110 多张资料中，50 张都是相关图片和照片。

通过展示严岛神社及京都御所等的平面图，解说寝殿式建筑的基本构成。之后又排列出京都所和桂离宫等的照片，挑选了"雁行""不断深入相连的空间""低重心""屋院一体"等空间的关键词。

京都丽思卡尔顿酒店

所在地：	京都市中京区
主要用途：	酒店
地域、地区：	商业地域，防火地域，岸边美观地区旧市街地美观地区，高度地区
用地面积：	5937.28 m²
建筑面积：	4598.23 m²
展开面积：	24 682.89 m²
结构：	混凝土造部分钢混凝土造
层数：	地下3层，地上4层
客户：	积水住宅、项目管理
设计管理者：	日建设计（建筑、外部装修）
施工方：	大林组（建筑）
运营方：	丽思卡尔顿酒店集团
设计时间：	2009年5月 — 2011年11月
施工时间：	2011年11月 — 2013年11月
开业日：	2014年2月7日

控制高度的外观效果

越过鸭川观察到的建筑外观透视图。无论是平缓的房顶坡度还是规则的方格，透视图都几乎完美重现了竣工后的建筑形态。图中还详细画出了反射光照的河面等周边景观，展示了建筑轮廓。

展现日本风格的通道

绘有通往正面玄关的通道的透视图，玄关位于法规中规定的地下1层水平线上。设计者通过精密的透视图与客户共享了建筑效果。（资料：122页为止由日建设计提供）

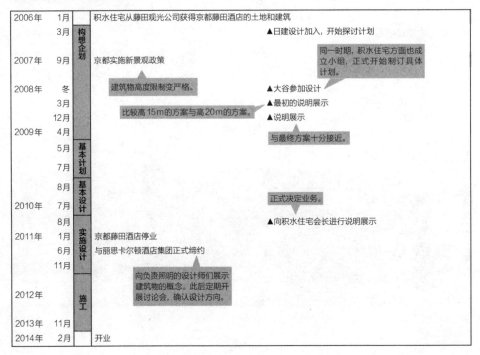

2006年	1月		积水住宅从藤田观光公司获得京都藤田酒店的土地和建筑
	3月	构想企划	▲日建设计加入，开始探讨计划
2007年	9月		京都实施新景观政策 ● 同一时期，积水住宅方面也成立小组，正式开始制订具体计划。
2008年	冬		建筑物高度限制变严格。 ▲大谷参加设计
	3月		▲最初的说明展示
	12月		比较高15m的方案与高20m的方案。 ▲说明展示
2009年	4月		与最终方案十分接近。
	5月	基本计划	
	7月		
	8月	基本设计	
2010年	7月		正式决定业务。
	8月		▲向积水住宅会长进行说明展示
2011年	1月	实施设计	京都藤田酒店停业
	6月		与丽思卡尔顿酒店集团正式缔约
	11月		
2012年		施工	向负责照明的设计师们展示建筑物的概念。此后定期开展讨论会，确认设计方向。
2013年	11月		
2014年	2月		开业

　　另一个特征是，日建设计对不负责的内部装修设计也提出了与之相关的效果方案。积水住宅决定运营方后，他在招揽酒店时希望能提供一些设计的效果图。所以就委托日建设计提供包括内部装修效果在内的方案。

　　大谷认为"需要向酒店表达出积水住宅公司的认真程度"，所以在并非自己负责的内部装修方案中也下了苦工。张贴出大厅、餐厅、公共走廊、客房的平面图和展开图，还准备了多幅连家具及织物都细致描绘的透视图。

　　方案展示时，和田会长与酒店顺利地接受了这些方案。大谷没有在计划案中添加设计宗旨的解说文，仅简单明了地展示了平面图和剖面图。而照片中添加的语言充满了能够引起相关人员共鸣的要素。

与公司理念相贯通的语言

　　经营方积水住宅的立场在项目中途，由接受展示的一方变为进行展示的一方。在获得和田会长的认可之前，是接受日建设计展示的一方，但在招揽酒店的阶段，就变成了"向五星级运营者展示他们能够认同的价值"（开发事业部设计担当部长泉克也）的一方。大谷必须提出有价值的方案，让作为经营方的积水住宅既能产生共鸣，还能向运营方进行说明。

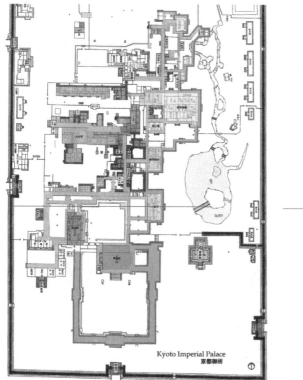

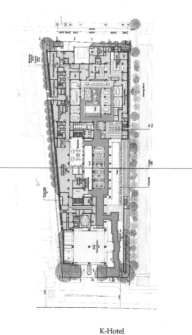

Kyoto Imperial Palace
京都御所

K-Hotel

4层高的新酒店由7层高的京都富士田酒店改造而成。项目耗时8年之久，期间因京都市出台了新环境政策而修改了高度。

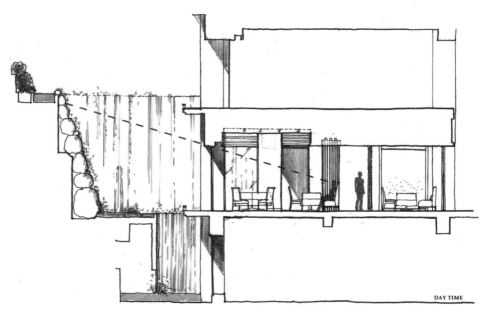

DAY TIME

这是面向会长、运营方展示内装设计等时使用的PPT资料。上图将京都御所与酒店的平面图摆放在一起，展示了建筑物的布局特征，即以东西轴线（红线部分）为基准呈雁行布局。下面的剖面图展示了如何让客人在地下层看到立体庭园的瀑布的思考方式。资料内都没有写文字，只简单地向客户展示了画面。

初期阶段就展示出了内装设计

地下大楼梯带领客人来到深处的采光庭

内装由其他事务所负责。但为了与内装设计者在效果上达成一致，日建设计在日建空间设计的帮助下，初期阶段就描绘出了建筑的内观透视图。

地下1层是主入口

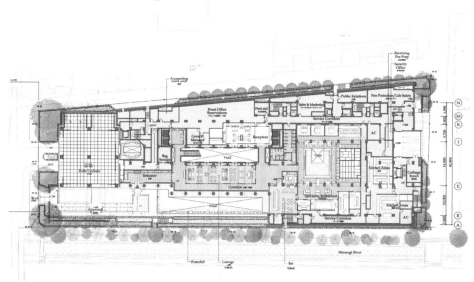

为满足高度限制，事务所按照法规中的规定将建筑设计为地下3层、地上4层，主入口被设定在地下层。内部4处设有采光庭，与外部相连的日本风格建筑就这样诞生了。

满足房檐高度15 m限制的"日本建筑"

完成后的东侧外观。因为靠鸭川一侧的高度限制严于靠街区一侧，所以4楼部分向西侧后退（建筑照片：至119页为止由生田将人提供）。

积水住宅要求大谷制定的是"利用正望东山、依傍鸭川这一优越的地理条件，以京都的历史为沉淀，能够反映安心、安全、舒适、环境及为人着想的公司理念"（开发事业部西日本设计统管部长冈本胜政）。对此大谷的答案中，有一条就是添附在照片上的"屋院一体"这个词。

表示空间内外一体化的"屋院一体"，与积水住宅在住宅业务中提出的"慢节奏生活"的想法不谋而合。积水住宅的责任人认为这有利于他们理解项目的目的、能够与自己的理念产生共鸣的词。

大谷还担任过积水住宅于 2010 年开业的"大阪瑞吉酒店"（大阪中央区）的设计工作。当时冈本部长与泉部长就是积水住宅的成员，所以大谷已经与他们建立了信赖关系。至今为止的这些积累，都是建立在能够瞬间共享"屋院一体"这一理念的基础上。

两位部长回忆说，其实之前的酒店项目中，并不是一开始就相互信赖了。"我们一开始并没有理解大谷先生阐述的设计宗旨。但是，后来大谷先生逐渐使用能够贯通积水住宅理念的表达方式，我们也就理解了。"

展示"低重心"的照片

设计中最大的问题，是如何应对高度的限制。

2007 年 9 月，即积水住宅获得土地和建筑物的 1 年半后，京都市实施了新景观政策。高度限制变得严格，曾经是 7 层的旧酒店必须要减少 3～4 层。虽然设计者也提出了希望作为特例获得许可的方案，但最终积水住宅还是决定按照政策规定建造。

于是大谷率领的设计团队控制了高度，将酒店地下挖至 3 层，并在其中布局了大部分的公共空间。即使如此，客房的天花板高度也只有 2650 mm，作为高级宾馆来说有些低。该如何让运营者接受这个不利条件呢？

大谷用 PPT 展示的"低重心"的说明，在这种情况下发挥了作用。泉部长回忆道："他用几张照片展示了靠设计来解决天花板高度低。"从坐榻榻米的姿态引导出低水平线的设定，切断

向上的视线，令人从下向外看的开口部分等，这些体现日本传统建筑的手法，成了他利用低天花板高度进行设计的灵感。

就这样，大谷团队成功得到酒店运营者及内部装修设计者对客房天花板高度的认可。内部装修实际上也采用了将床铺设计得更低等方法，反过来利用严格的条件，努力表现出日本独特的文化。

委托方的看法

冈本胜政
（积水住宅开发事业部西日本设计统管部长）

泉克也
（积水住宅开发事业部设计担当部长）

从始至终毫不动摇

大谷的展示，不是说明设计的原因，而是展示设计背后的想法。在他为我们展示40多张日本建筑构成要素的照片的过程中，我们就逐渐被他洗脑，觉得"就是这样"了。

我们从计划伊始就与日建设计共同工作，所以技术方面的关于细节的讨论都是以负责人的水准进行的。因为涉及多名相关人员的酒店业务，所以要在大家都能接受的情况下进行。共享概念是关键。关于这一点，大谷的观点从最开始就很透彻，所以工作才得以顺利开展。

把天花板高度的不利条件向日本传统文化转化

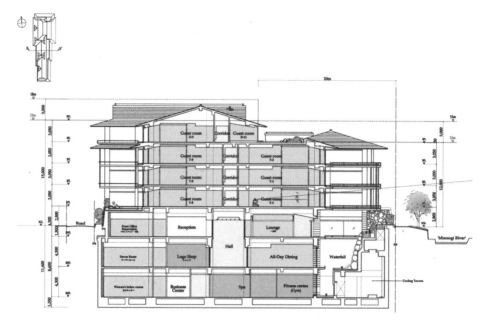

为了满足鸭川一侧（东侧）的房檐高12 m，西侧高15 m的限制，建筑向地下延伸了3层，并在其中设置了共有空间。134间客房全部被安排在了地上的楼层。

降低重心后的室外环境

竣工时的客房。客房内也使用了低于通常高度的床。压低重心与房檐高度的设计，给建筑带来了一种稳重的气氛。

话不多言，
用图画与音乐来传达

风格

用戏剧性影像抓住人心

大谷弘明曾在中东、东南亚等地区参与过竞标。2007 年的竞标中获胜之后，他就开始在大规模的项目中运用自家公司制作的影像。他一般会在开始部分，向人们展示在古典音乐的演奏中，动态画面与静止画面相互交织的影像。

对于使用影像的目的，大谷说："很多时候客户的负责人有几十名在场，会场会比较喧闹，但只要开始播放影像，人们就会安静下来。影像有着让人把注意力集中在展示上的作用。"

在京都丽思卡尔顿酒店项目中，大谷在对和田勇会长进行展示时，使用的是下文所描述的影像。

镜头先从上空俯瞰建筑物的外观，然后视点就像横穿过面朝鸭川的主立面一样，迅速降低并拉近。进入内部后依次展示公共空间及客房的透视图等。用 PPT 自动播放客房及餐厅的室内透视图，在其前后配以魄力十足的短片，就构成了整个影像。

背景音乐使用的是理查德·施特劳斯作曲的歌剧《阿拉贝拉》。影像与剧中姐妹的二重唱完美契合，在 4 分半时间内演绎出了"戏剧性浪漫"的邂逅。

制作影像的是日建设计展示部的员工，但基本内容都是大谷亲自决定的。例如选择符合项目的乐曲、乐谱、在乐谱上记下图片的顺序和切换图像的时间等。他在斟酌乐曲强弱与画面转换的同时，对与乐曲内容融为一体的影像构成做出指示。

使用的乐曲时长大约 4 分半，因此必须在一曲之内准备好起承转合的变化。乐曲的氛围也同样重要。大谷选择施特劳斯的歌剧乐曲，是因为京都丽思卡尔顿酒店与"拥有悠久文化的京都相符相称"。

在正式展示前极短的准备时间内，要制作包含大量数据的影像是有风险的。大谷在越南使用影像的时候，就出现了放映时声音无法通过扩音器播放的情况。他通过推后展示中播放影像的顺序来争取时间、拉近麦克风调整电脑声音等方法解决了这一问题。通过这件事，大谷感受到"如果过于细化展示的步骤，就没办法变通了。观察现场的状况与对方的表现，随机应变也很重要。"

戏剧性的展示

大谷在积水住宅担任经营方推进建设的京都丽思卡尔顿酒店项目中，制作了4分半时长的视频影像。基本设计结束后，他在面向最终决定计划能否实施的积水住宅会长和田勇的说明展示中，使用了该影像。为了让人深刻意识到依傍鸭川这一优越的选地条件，影像中包含了建筑物与鸭川周边的风景。歌剧中华丽的女声二重唱渲染出影像的戏剧性，展示出了高级酒店的优质氛围。

用4分半的视频炒热气氛

大谷与俯瞰鸭川和酒店外观的影像。视频中还描绘出了酒店背后延伸的街道与鸭川的水流。

用音符指挥视频的结构

大谷预约的歌剧乐谱。他不仅负责整体影像的构成，还对切换画面时的音符做出精确指示。

"计算精准"的逼真透视图

大谷也很注意在透视图中提高表现的密度。他的目标是"能给人身临其境的感觉"。

在俄罗斯的克拉斯诺亚尔斯克市进行的城市开发计划中，大谷在设计过程中就绘制了多幅街区的透视图。不仅有清爽的夏季风景，还有秋冬季的景色。黄色树叶重重叠叠，玻璃制的圆形屋顶能够看到建筑内部的样子。

在此基础上，光线的表现手法更能让人感受到他细腻的思维。透视图用拖长的影子表现西伯利亚地区低角度的阳光照射，用雪景中的蓝色影子表现极寒地区的透明空气感。

在中东等炎热地区的项目中，透视图的光线表现则不尽相同。阳光从正上方直直照下，反射在植物叶子表面，闪闪发光。投落在地面的影子也厚重分明。

无论是哪一种透视图，大谷都要求员工不要用 CG 的特殊效果，而是按照计算的结果来绘制。植物投在建筑物上的影子由太阳的高度得来，玻璃的透过和反射面的光亮则由材料的透过率及反射率得来。"只用计算结果来表现构成"的方法，能够产生不输给照片的逼真魅力。

为何大谷要如此追求细节的表现？他表示："在海外竞赛的时候，能向对方传达出'连这种细节都能注意到的人，一定会对项目全力以赴'的感觉。"只是寻常可见的水平的话，无法给经验丰富的客户带来震撼。大谷认为，让对方感受到"竟然做到了这一步"，才能拥有说服对方的力量。

用手绘图示迅速解决问题

"我就像负责定制的匠人，或者说是酒店餐厅的大厨。"大谷如此比喻自己的角色。

经营个人设计事务所的"明星建筑师"就像是三星级餐厅里的主厨，客人因主厨做的料理慕名而来。另一方面，在酒店的餐厅提供客人所要求的料理也是主厨的任务。

克拉斯诺亚尔斯克

城市建筑及景观设计

所在地：	俄罗斯克拉斯诺亚尔斯克市
主要用途：	住宅、商业设施、教育设施
用地面积：	42 ha
建筑面积：	87 000 m²
展开面积：	585 000 m²
结构：	混凝土造
层数：	地上25层
客户：	Monolitholding & Krasnoyarsk City LLC
设计者：	日建设计（规划、设计监修）Ardis, Red Business.1LN
施工者：	Monolitholding集团公司
竣工：	2018年3月（第一期预定时间）2021年（整体预定时间）

用光线与植物表现季节感

在突出秋冬季节感的透视图中, 大谷设定了时间段, 描绘出了阳光照射的高度及强度。倒映在路面上的影子的长度和颜色, 恰当表现出了北国的氛围, 令人印象深刻。远处的风景若隐若现, 强调了层次感。

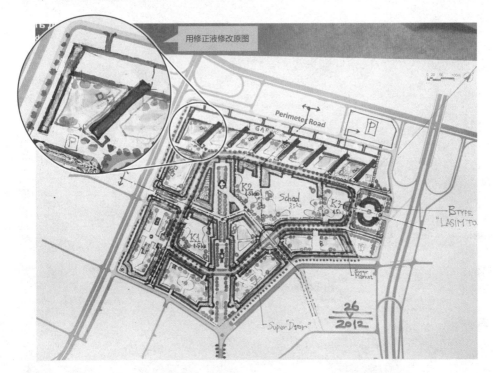

"在做设计时，设计者要有坚定的价值观，正确理解客户的要求，制作出让客户感到'我想要的正是如此'的图样。"

在和客户反复进行交流的过程中，大谷得到了"手绘"这件"武器"。

例如，在上一页提到的克拉斯诺亚尔斯克城市计划中，他以当地事务所绘制的布局计划图为基础方案，对修正案进行了讨论。虽说是修正案，但也只不过是在复印件上用修正液做修改。

他沿着计划用地周边已存街区的轴线设置公共区域，设计出了一个轴线形状的都市步行商业街。为了让所有房屋都能够有充足的采光，他改变了住宅布局，在街区内设置了环游动线。在客户要求的基础上，用红色、绿色、蓝色的马克笔迅速制作修正案。

"我 30 ~ 40 分钟就能画出来，有时候也会趁商讨会的间隙制作下一个方案。拍下手绘后直接投射在影像中。只要迅速展示出具体的手绘图，向客户传达'你想要的就是这种形式吧'，就能够快速达成一致。"手绘图对大谷来说，是在与客户进行细致入微的对话时不可或缺的道具。

克拉斯诺亚斯克城市计划，要在42 km²的街区建设高层集合住宅等住宅群，以及商业设施和学校等。大谷以当地设计事务所制作的布局图为基础，用手绘的形式进行了修改。

用修正液与马克笔进行修改

本页下面两幅图是2012年5月5日、最上图是同月26日在商讨会上提出的手绘。大谷在复印件上涂修正液后用红色、蓝色马克笔进行修改。可以看到他设计了与街区轴线相呼应的上下方向的活动路线，以及环游路线。

中村拓志
NAP 建筑设计事务所

事例学习
丝带教堂（Ribbon Chapel）：
以解决问题为起点，"进攻性"的"重新推敲"

风格
理解对方的话语，展示形态的意义

· 将易于使用的创意可视化
· 展示"运营者的利益"
· 展示使用者的空间体验

中村拓志：1974 年出生于日本东京都。1999 年修完日本明治大学研究生院博士前
期课程后，进入隈研吾建筑都市设计事务所。2002 年，设立 NAP 建筑设计事务所。
近年作品有"録 museum"（2010 年，日本建筑学会推荐作品）、"Optical Class
House"（2012 年）、"狭山之森礼拜堂"（2014 年，JIA 优秀建筑奖）及"Ribbon
Chapel"（2014 年）等。

丝带教堂（Ribbon Chapel）：以解决问题为起点，"进攻性"的"重新推敲"

事例
学习

在酒店的一块用地上建的婚礼教堂

建筑物完成后的外观。螺旋结构除了是建筑物的结构体外，还起到屋顶和墙壁的作用。考虑到视线的遗漏，螺旋的旋转方向与提案时的设定相反（照片由生田将人提供）。

第三方案的封面上绘有红色丝带

RIBBON CHAPEL

HIROSHI NAKAMURA & NAP ARCHITECTS
2011.02.14

设计的概念是两个人的人生被丝带连接，以及交错重叠的螺旋阶梯。封面图用简单的形式表现了这一概念。

　　"我们希望这所建筑能够成为吸引世界各地的人前来参观的艺术作品。"丝带教堂（Ribbon Chapel）的设计（广岛县尾道市）就从客户的这句话展开了。

　　中村拓志在 NAP 建筑设计事务所（东京都世田谷区）担任负责人，他所设计的这座婚礼教堂于 2013 年 12 月竣工。客户是经营造船及度假区等事业的常石控股公司（广岛县福山市）。2010 年春，装修设计师费里耶肇子向常石控股公司推荐了 NAP 建筑设计事务所。中村回忆说："我们强烈感受到了对方的期待，所以绷紧了一根弦。在整个设计过程中都保持着积极的态度。"

提取课题与客户共享

　　经过两次推敲，才诞生了"螺旋状斜面围绕外周"这一独具特色的形态。经过了仿照花蕾形状的第一方案，结婚蛋糕形状的第二方案后，最终才确定了丝带状的第三方案。

丝带教堂（Ribbon Chapel）

所在地：	广岛县尾道市
主要用途：	教堂
地域、地区：	都市计划区域外
用地面积：	约3000 m²
展开面积：	72.2 m²
结构：	钢造
层数：	地上1层
客户：	常石控股公司
设计、监督管理者：	NAP建筑设计事务所
装修设计：	费里耶办公室，KYT合伙人
设计合作者：	奥雅纳（结构、设备、照明）
施工者：	P.S.三菱
运营者：	常石境滨度假村株式会社
设计时间：	2011年2月 — 2012年12月
施工时间：	2013年1月 — 12月
开业日：	2014年1月

从花瓣到蛋糕，再到丝带

第一方案

新郎新娘站在礼堂上，眼前是水盘与一望无际的碧海蓝天。

第二方案

第三方案

从仿照花瓣形状的第一方案，到结婚蛋糕形状的第二方案，再到以丝带为形象的第三方案的变化。无论哪一种，都贯彻了利用跳跃视角的计划、能够显示出礼神圣性质的建筑物高度等基本方针。

第一方案

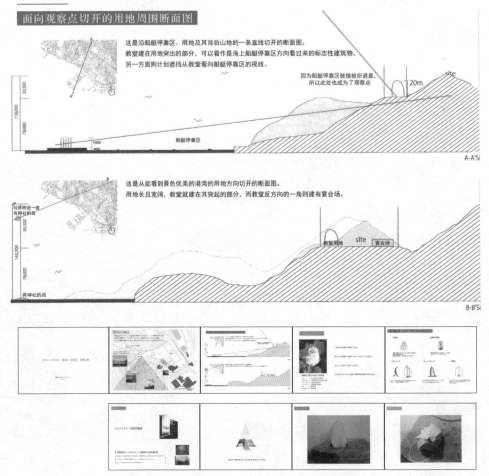

面向观察点切开的用地周围断面图

这是沿船艇停靠区、用地及其背后山地的一条直线切开的断面图。
教堂建在用地突出的部分，可以看作是海上船艇停靠区方向看过来的标志性建筑物。
另一方面则计划遮挡从教堂看向船艇停靠区的视线。

因为船艇停靠区被植被所遮盖，
所以此处也成为了观察点

这是从能看到景色优美的港湾的用地方向切开的断面图。
用地长且宽阔，教堂就建在其突起的部分，而教堂反方向的一角则建有宴会场。

这些具象化的主题，让人感觉中村很重视意象，但实际上他是靠理论来设计的。中村说："只要让客户与我们共享问题和目标，展示就算成功了。所以我会先选取项目的课题，然后准备一场提出解决方案的展示。"

建设地在高地上的酒店内。眼前就是濑户内海，附近有该集团经营的造船厂。中村参观后，指出了三个问题，分别是造船厂的噪声，顾客在酒店庭园或泳池的声音，以及从酒店庭园看过来的视线。

他和员工一起思考方案的时候，提出了几个设计方向：视野开阔的全方位开放圆形方案；能够成为地区标志、彰显典礼神圣感的高平房建筑；面向大海设置开口部。这三个提案的前提和"如何让人身临其境，体验严肃又神圣的婚礼"的意识是共通的。

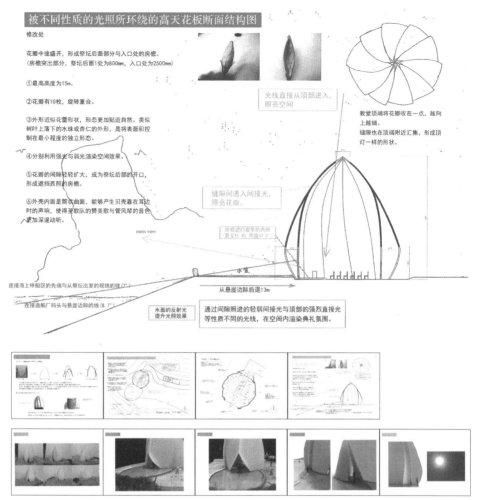

被不同性质的光照所环绕的高天花板断面结构图

修改处

花瓣中途盛开，形成祭坛后面部分与入口处的房檐。
（房檐突出部分，祭坛后面1处为800mm，入口处为2500mm）

①最高高度为15m。

②花瓣有10枚，旋转重合。

③外形近似花蕾形状，形态更加贴近自然。类似树叶上落下的水珠或杏仁的外形，是将表面积控制在最小程度的独立形态。

④分别利用强光与弱光渲染空间效果。

⑤花瓣的间隙轻轻扩大，成为祭坛后部的开口，形成遮挡西照的房檐。

⑥外壳内面是简状曲面，能够产生贝壳靠在耳边时的声响，使得圣歌队的赞美歌与管风琴的音色更加深邃动听。

光线直接从顶部进入，照亮空间

教堂顶端将花瓣收在一点，越向上越细。
缝隙也在顶端附近汇集，形成顶灯一样的形状。

缝隙间透入间接光，照亮花瓣。

main view

连接海上停船区的先端与从祭坛出发的视线的线（7°）

连接造船厂码头与悬崖边际的线（8.7°）

水面的反射光提升光照效果

从悬崖边际后退13m

通过间隙透进的轻弱间接光与顶部的强烈直接光等性质不同的光线，在空间内渲染典礼氛围。

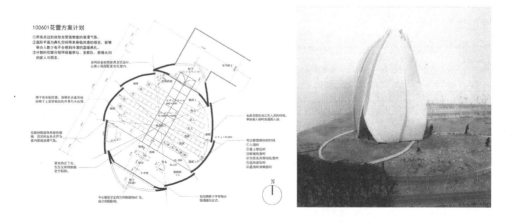

第一方案以花瓣为原型。长达提案图中，对教堂与周边设施的位置关系、待解决的问题、花瓣形状及平面计划的考虑等进行了说明。与之后的方案相比文字较多，说明性要素较强。

100601花蕾方案计划

①用柔和点过的自然光营造教堂的浪漫气氛。
②如果平面为典礼空间本身会给人整体的感觉，就要导入人数少些不会感到冷清的温暖氛围。
③分别的花瓣分别统领着祭坛、主歌区、新婚夫妇的客人与祭宾。

N

从"说明"到"形象宣传"

　　接受委托后不久，2010 年 5 月 20 日，中村向客户提出了花瓣主题的第一方案。方案的特点是封闭的空间，遮挡外部的声音和视线。

　　提案将重点放在了说明问题和解决方法上。在平面图和剖面图中标出造船所、码头等外部设施与酒店内设施的位置关系，展示视线的遮挡和视野的开阔。利用花瓣形状安排顶灯和在轴线上设置开口的空间构成，以贝壳为形象联想的结构等设计想法，中村都用图像和文章进行了解说。

　　2010 年 6 月 30 日，中村提出了结婚蛋糕型的第二方案。该方案有两个目的。一个是回应客户提出的"想让空间再开放一些"的要求。他在 5 层上分别设计了拱门，积极收进外部的光线和景色。另一个是"没有被委托但独自思考出来的"别墅提案。他在教堂一旁的庭院中，设置了 4 栋别墅型宾馆。别墅建在远离城市的濑户内海沿岸，通过该方案，中村展示了一种具有度假感的滞留型婚礼的形式。

　　提案图的构成也与第一方案大不相同。"第一方案的展示方式很普通，我反省过后，选择了符合婚礼教堂形象的华丽又具有冲击力的表现方式。"15 张提案图中，前 6 张都是用来展示形象照片，有天花板倾斜的卧室、教会的拱门、散发金色光芒的海水与水盘等。他省去第一方案中已展示过的内容，在宣传"希望与客户共享的形象"上下了苦工。

增加展望台的功能

　　虽然客户对别墅的提案表示感兴趣，但中村经过一段时间的小组讨论，还是决定按照当初的计划只推进教堂设计。因为有"客户觉得结婚蛋糕有点偏向女性喜好了"，因此，他提出了教堂的第三方案。

　　在提出第二方案的半年之后，中村于 2011年 2 月 14 日提出了成为最终方案的丝带教堂。两条丝带呈螺旋状在屋顶相连，象征着婚姻将新郎新娘的人生连接为一体。

第二方案

　　提案包括别墅型宾馆。有 6 张形象照片。平、剖面图重视华丽效果，例如为植被和背景上色，在内外观透视图中画出白色盛装的新郎新娘、装饰花束等。

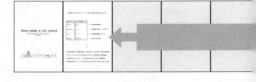

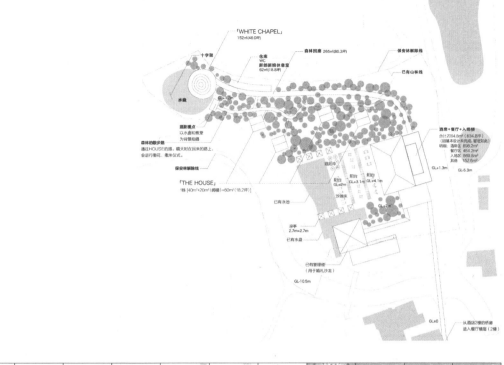

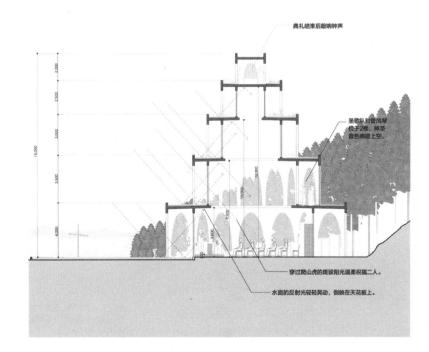

第三方案

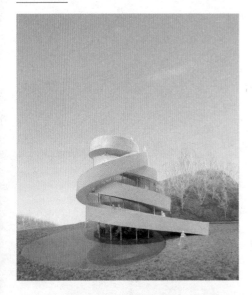

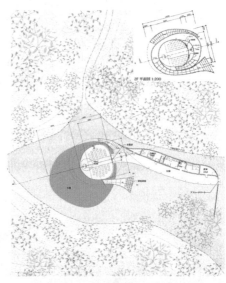

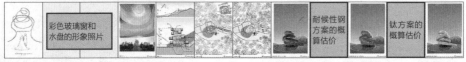

彩色玻璃窗和水盘的形象照片

耐候性钢方案的概算估价

钛方案的概算估价

以红色丝带为形象绘制的封面，还有水盘等形象照片、内观透视图、剖面图、平面图、外观透视图及一部分方案概算表等。这些都提供了更加具体的内容。中村极力避免说明部分，只在画面上添加"能够眺望大海的场所"等简单的话语。

将屋顶作为展望台的创意，是根据当初"活用景致"的设计方针进行重新思考后诞生的。一般的婚礼用教堂只能在周末使用，而有了展望台平日也可以使用了。"我们将'世界各国人都会来访问的建筑物'这一要求，与利用螺旋制造的效果相结合，目的在于提供符合婚礼氛围的体验，这与设计方案是一致的。"中村对丝带方案十分满意。

提案文件的表现形式也有了变化。第二方案提交的资料中使用了形象照片，而第三方案只使用了两张，主要用内外观透视图、剖面图和平面图具体进行了展示。因为第一方案和第二方案之后，已经和客户有了共识，所以几乎没有说明的部分。就如同绘有红色丝带的封面一样，中村直接在视觉效果上表现了设计理念。

客户对丝带方案评价颇高："这个方案既有象征女性的丝带设计，其结构的趣味性也是吸引男性的要素。不论是新郎还是新娘都能够欣然选择我们。"大约 3 年后，建筑按照第三方案的理念建设而成。

装潢设计师的看法

费里耶肇子
（费里耶办公室代表）

用多张照片与客户共享形象

客户的想法是希望建设一个有趣的建筑，作为开放城镇的要素，计划因此展开。我推荐中村先生，是因为相信他可以提供充满惊喜的提案，而且他对内部的细节也颇为讲究。

第一方案的内容在说明上稍微有点困难，第二方案他就为我们提供了大量的形象照片。我们知道了他想为参加婚礼的人提供怎样的体验，这对和客户产生共鸣很有帮助。三个方案掌握了理论说明和感性照片的平衡。（谈话）

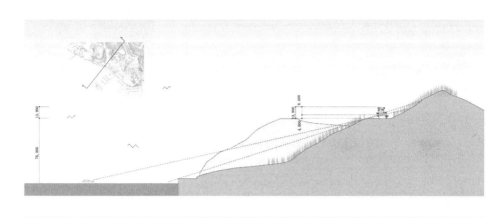

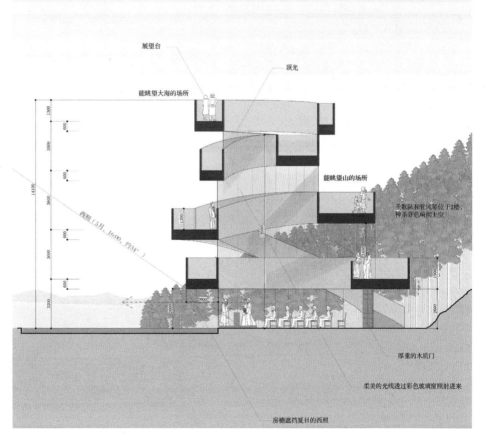

理解对方的话语，
展示形态的意义

风格

将易于使用的创意可视化

　　建筑项目会对谁带来怎样的利益……中村拓志十分注意在展示方案对经营方、设施员工、使用者三者益处的阐述。

　　在五方举办的设计竞赛"狭山湖畔陵园管理休息楼"（埼玉县所泽市）中胜出的中村，就以各种方式展示了员工工作的便利程度。"建设一座能让员工舒适开心的建筑，既能够提高服务质量，又能推动实现设施的目标。"

　　这个项目是要对已有的两层管理休息楼进行重建。中村设计了一座平房建筑，将办公室等设施集中在中央部分，而将休息室设置在了外围。以前餐厅、日式房间都在二楼，员工的动线会被拉长，这样一来不仅缩短了动线，还提高了利用度和舒适度。

　　这种布局设计的想法源自中村小组认真的调查。事务所的负责人会先去现场用一整天的时间测量使用者的动线，分析来馆目的和滞留时间等。在中村提交的图示中，标明了利用花店及洗手间等设施的人数。并说明了将出入人数多的店铺及洗手间等设施集中在入口附近，以及让客人在休息室小憩。

　　同时他还举办了面向员工的意见听取会。之所以想要听取员工的意见，考虑到"因为营业方式不同，他们有独特的理论和习惯，因此可以从意见听取会上学到很多东西。认真对待细微的意见十分重要。"

　　但即使开设了意见听取会，也不一定就能马上获得具体的意见。这时，中村会先提问，然后再问对方"这里是不是让你们感到很辛苦"，引出对方对建筑物的要求。在第二次意见听取会上，员工就提出了许多运营方面的意见，例如办公室和大厅、和式房间不在一层楼，导致准备和收拾时的移动很费力；不明白座位的使用状态因此无法提供细致的服务等。

狭山湖畔陵园管理休息楼

所在地：	埼玉县所泽市
主要用途：	事务所
用地面积：	765.86 ㎡
建筑面积：	458.89 ㎡
展开面积：	490.36 ㎡
结构：	钢造，部分混凝土造，部分木造
层数：	地下1层，地上1层
设计、监督管理者：	NAP建筑设计事务所
施工者：	松井建设
竣工：	2013年1月

被绿色和水环绕的建筑物

完成后的管理休息楼（照片：Nakㆍsa&Patners Inc.提供）。

该项目是对绿色环绕的陵园管理休息设施进行重建。设计者将员工和使用者的区域分别设置在了中央部分和外围部分，整理了动线。

反映运营的视点

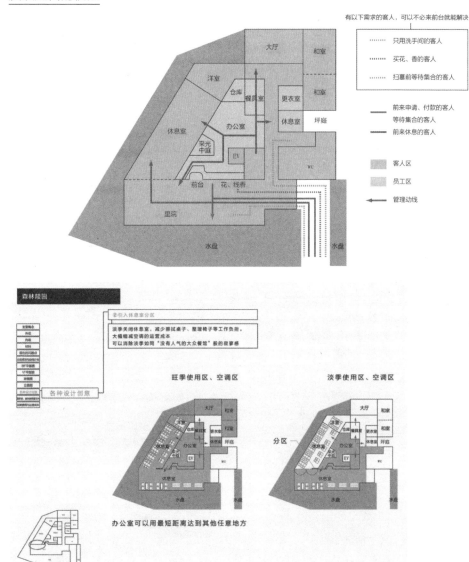

办公室可以用最短距离达到其他任意地方

分区规划图中，描绘了管理者与使用者两种目的不同的动线，将管理者空间放在中央部分，展示出员工可以在短距离内提供服务的状态（上）。同时还提出了淡季时划分区间高效利用的方案（中），将椅子整理简易化、提高利用率来替代单侧长椅和小桌子的休息室布局方案等。

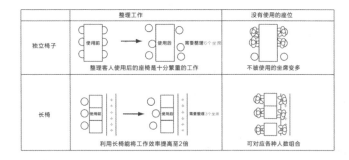

听到这些要求后，中村设计出了移动距离短的平房建筑方案，能让员工在集中于中央部分的空间内掌握建筑整体的状态。

这个竞赛方案中，他还对容易忽略的事物进行了布局。中村将休息室桌子的一侧设置为长椅，使整理工作简易化。这种反映运营视点的提案，更加充满说服力。

展示"运营者的利益"

多数场合，经营方的利益都与盈利有直接关系。"因为我还从事商业资讯的业务，所以我制作建筑物的提案时会十分注意这个问题。设计时会充分考虑通过建筑来获取经济上的利益。"中村的这种态度，也反映在设计展示中。

重要的是设计者如何将设计中的经济利益，用简单易懂的语言解说给对方听。中村在说明空间特征的时候，只要是商业设施，他就会从"提高收益"的视角，向对方传达建筑优势。

例如，说"被热爱的建筑物"经营方也未必感受不到其中的利益，但用"这样一来回头率就提高了"的说法会更容易让人理解。除此之外，中村还使用了"沐浴效果""滞留时间""派对效果"等在建造商业设施现场经常使用的词语来说明设计目的。

2012 年 4 月开业的"东急广场表参道原宿"（东京都涩谷区），在竞赛中，他也直接表现出了建筑创意与商业价值的一致性。

提案的一个特征，就是在屋顶阶梯状嵌入绿化的室外广场。虽然楼顶绿化是客户的要求，但这样很难显示商业方面的效果。于是中村就提出在多层楼中分散配置庭院，让其与租赁店铺相接，然后将商业效果反映在租金上。

他提出了两种配置方案进行比较。将屋顶阳台设置为阶梯状的方案缺少造型上的冲击力，还会产生阳光西照的缺点。与此相对的，最终实施的"绿色空隙"形状方案，其外观则充满个性，且具备商业价值。被细化分割的屋顶庭院能带给人们舒适的环境，也能创造出附加价值。

屋顶广场的商业效果比较

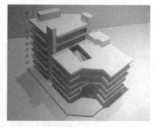

标准方案

6 楼租赁店铺的内部专有部分与屋顶广场的面积比是 7：8。这种设计下，下雨天时营业额减少的风险很大，很难将屋顶广场作为专有部分，与内部专有部分以同等价格出租。

东急广场表参道原宿

所在地：	东京都涩谷区
主要用途：	商业设施
用地面积：	1770.72 m²
建筑面积：	1662.98 m²
展开面积：	11 852.34 m²
结构：	钢造，部分钢筋混凝土造，部分混凝土造
层数：	地下2层，地上7层
设计者：	NAP建筑设计事务所，竹中工务店
施工者：	竹中工务店
竣工：	2012年3月

该商业设施建在东京与原宿的交叉点，面向明治大道和表参道。低层部分的主要店铺可以自由使用主立面。上层分散嵌有屋顶绿化广场，与周围的榉木树林相呼应。因为单纯面积大的屋顶广场很难带来商业效果，所以中村提出了分割绿化布局的方案。说明了与"阶梯方案"相比，"绿色空隙方案"在与道路的关系及滞留时间相关的中庭问题上，舒适度更胜一筹。

阶梯方案	绿色空间方案（天空之森）
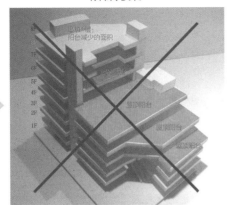	

· 如果为了补回阶梯部分减少的面积而增加层数，则建 ⇒ 在保持地上 7 层建筑设计的同时，只在必要的地方
设成本、工期就会随之增加。 搭建屋顶庭园，可削减建设成本、工期。

· 街道上看到的建筑存在感小，此外因为已有类似建筑， ⇒ 树木之外的空间成为个性化外观。
所以冲击力不足。

· 会产生高楼风，难以种植大树，此外，屋顶阳台看上 ⇒ 突出部分保护树木及庭园里的人们不受大风影响，
去像是通常可见的有啤酒庭院的露天屋顶。 提供中庭般舒适的环境。

· 西侧玻璃窗增多，西照会对餐厅或店铺室内造成影响。 ⇒ 特意封闭外墙一侧，以遮挡西照。

· 建筑过于重视在表参道一侧的价值，容易使明治大道 ⇒ 明治大道一侧与表参道一侧外观相同，将神宫前十
一侧变成背面。 字路口这一用地条件本身作为建筑标志。

与街道风景相呼应的绿色分散布局

从十字路口看过去的建筑物外观（照片：渡边和俊提供）。

配置图 S=1/500

重视建筑与庭院之间的关系

绘有植被计划的布局图。"果实庭院""水边庭院""寂静庭院"等，中村在不同的地方设定了不同的主题，展示出建造庭院的计划。

展示体验效果

中门

中门屋顶采用茅草斜屋顶设计。山庄的故事终于要拉开帷幕了。以人为本的茅草屋顶为正门营造了稳重的氛围。

京都，桂离宫，御幸门

客厅兼和室

经过玄关，眼前就是房间开口部，能够正面看到被绿色装点的庭院。枫叶云海的远方能眺望到连绵的山峰。

在布局图和平面图之后，陆续展示出形象照片，分别截取了使用者体验的各个场景。与对应的场所图示相呼应。

中村活用数据。他曾经引用杂志对难波公园（大阪市，2007 年全馆开业）的屋顶庭院能创造 92 亿日元营业额的试算，来说明绿化的效果。"只要证明能促进收益，自己想做的事就容易实现了。"所以中村十分注意数据的收集。

展示使用者的空间体验

中村在设计展示时重视的另一个要素，就是使用者的视线。

使用者从入口到建筑物内部的途中能看到怎样的风景，能获得怎样的体验。为了让对方能够在纸上获取假想体验，他将使用者的视角画在平面图或剖面图上，还将形象照片按空间体验顺序排列展示。

在"和式别墅"这一主题下，中村提供了大量能够体验空间的用地及建筑物形象图。在 61 张提案图中，他最小限度地采用布局图、平面图和剖面图作图示，而将 50 多张都用在了展示形象上。

正门、正门两旁的红叶树、停车廊、玄关、客厅兼和室、壁龛、庭院的树木、房间的装饰……除了这些之外，还有桂离宫、东福寺、北八岳的风景和花草树木的形象照片。

最终，客户的评价很好，提案内容取得了压倒性的胜利。中村"像讲述故事一般传递给对方"的目的达成了。

用多样的照片讲述故事

箱根强罗项目。中村在以"和式"为主题的个人别墅竞赛中获胜。他利用壮观的大自然环绕四周这一优越立地条件，将建筑物设置为雁行布局，设计出一个能够从庭院及借景中享受四季之美的空间。他用大量的形象照片展示入口周围、室内各房间、庭院等视野内的景色。

SUPPOSE DESIGN OFFICE
谷尻诚、吉田爱

事例学习

关东马自达目黑碑文谷店：

即使形式被否定，也要在思考过程中找到共鸣

风格

用简洁的图纸彰显高雅品位

· 用一张草图集中概念

· 从标志到透视图都独具魅力

· 相册是"烤墨纸机关"

谷尻诚、吉田爱：均于 1974 年出生于日本广岛，1994 年毕业于日本穴吹设计专门学校。2000 年谷尻设立 SUPPOSE DESIGN OFFICE，2001 年吉田加入。近年作品有"ONOMICHIU2"（2014 年）、"桧原之家"（2014 年）、"BOOK AND BED TOKYO"（2015 年）等。2011 年开始几乎每月都会邀请在各个领域活跃的人物做嘉宾，召开"THINK"谈话节目。

关东马自达目黑碑文谷店：即使形式被否定，也要在思考过程中找到共鸣

事例
学习

建筑物的黑色墙壁照映出红色展示车

2015年1月开业的关东马自达目黑碑文谷店。外墙的设计呈雁行状，透过长长的玻璃可以看到内部的展示车（照片：矢野纪行提供）。

在关东马自达目黑碑文谷店（东京都目黑区）的改建计划中，SUPPOSE DESIGN OFFICE（广岛市）最初的提案是，建筑外墙由弧度巨大的凹面组成，相接之处角度尖锐、高高耸立。

2013 年 9 月举行的竞赛中，谷尻诚和吉田爱率领的 SUPPOSE DESIGN OFFICE 中标。他们原以为这幅透视图中给人留下深刻印象的外观能够获得好评，事实却并非如此。与竣工的实际建筑物相比，外形简直是千差万别。

谷尻表示："客户认为连续的凹面形态'在汽车设计中是不可理喻的'，因此驳回了我们的方案。另一方面，他们认可了我们一边接受来自客户的要求一边设计的态度。"他们在竞赛中获得好评的原因，不在于设计的形态，而在于设计背后的思考。

关东马自达目黑碑文谷店

所在地：	东京都目黑区碑文谷5-14-22
主要用途：	汽车专卖店、汽车维修工厂
地域、地区：	准工业地域
建蔽率：	59.21%（允许60%）
容积率：	134.91（允许200%）
基地道路：	西5.52 m，南24.99 m
停车数量：	5辆
用地面积：	922.34 m²
建筑面积：	546.07 m²
延长面积：	1516.96 m²
结构：	钢造、混凝土造
层数：	地下1层，地上2层
客户：	关东马自达
设计管理者：	SUPPOSE DESIGN OFFICE
施工者：	马自达
竣工：	2014年12月

封面标志设计潇洒大气

MAZDA Meguro-Himonya shop Design Competition

SUPPOSE DESIGN OFFICE

竞赛中设计的连续凹面的透视图

SUPPOSE DESIGN OFFICE从提案的封面标志开始，就配合计划的主旨进行设计。为了提高建筑物的外观辨识度，事务所将外墙设计成多个大型凹面。因用地面积有限，将展示厅安置在2楼。1楼则是前台区和维修工厂。3楼是停车场（资料：SUPPOSE DESIGN OFFICE提供）。

用简洁的图纸展现"设计态度"

　　该店计划成为负责宣传和体验马自达品牌的新据点。这个具备专卖店与维修工厂功能的建筑计划，以马自达的设计部长前田育男和关东马自达社长西山雷大为中心进行。

　　他们所追求的是"建筑本身不喧宾夺主，能表现出汽车的优美效果"的展示厅。对此，想象事务所从马自达公司的特点、汽车展示厅的存在方式、立地条件等视点出发，探寻设计的方向性。

　　2010 年以来，马自达提出了"魂动"的设计主题。这个主题指的是建筑如同动物灵活和强劲。SUPPOSE DESIGN OFFICE 之所以设计曲面，就是因为想要体现这一设计观念。

　　用地所在的目黑大道两旁，还有几家外国汽车的专卖店。因为周边有坡道，所以经过此处的汽车很难加速。而用地又呈钥匙状，店铺与道路相接的面积有限。在这些条件下，什么样的形态既能彰显存在感，又能完美呈现室内展示车呢？答案就是运用凹面的设计。

　　具体来说，弯曲玻璃墙壁的内侧，制造出正对行人及通行车辆的一面，尽量确保展示厅的玻璃窗面积。事务所用简单的图纸，简洁说明了能完美呈现室内汽车效果的设计目的。用简单化的构图对设计主旨进行简单易懂的展示，是SUPPOSE DESIGN OFFICE 的强项。

表现制造汽车的温情

　　SUPPOSE DESIGN OFFICE 还着眼于马自达在制造汽车上的努力。例如马自达如今仍会手工制作一个个实物大小的黏土模型，开发过程中充满了让人感受到亲手制造的真实感。被称为"魂动红"的充满光泽的红色，就来自于马自达的涂装技术。

　　"我们想在店内多个展示厅中，表现马自达独特的温情。所以我们提出了映照红色的黑色玻璃与柔和的树木相结合的空间方案。"

　　绘有汽车和家具的平面图与剖面图上，用对话框选出了设计要点。在人与汽车动线处理的功

能方面和从展示厅能看到维修工厂的这一设计，展示出设计者为了让店铺如同近在身边的工作室一般而做出的努力。

直接表达将主立面设计为凹面的理由

SUPPOSE DESIGN OFFICE在竞赛提出的说明资料中，首先用提取要点的简单配置图与速写图解释了将道路一侧的外墙设计为曲面的理由，然后展示了内外观透视图、平面图和剖面图。

用简单化的图示传达要点

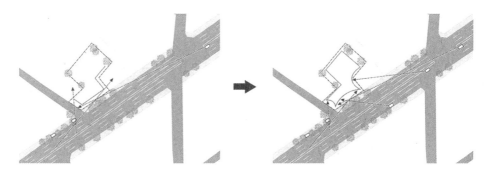

建筑物建在外国车经销商众多的目黑大道一侧。面向大路的建筑物一般都容易设计成与道路平行的形态。而该设计中，面向道路的外墙呈曲面，这样既能够保证驾驶中的司机对建筑的认识度，也可以恰当地展示室内的汽车。

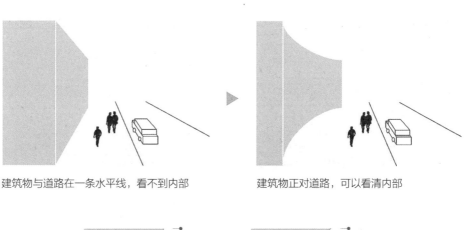

建筑物与道路在一条水平线，看不到内部　　　　建筑物正对道路，可以看清内部

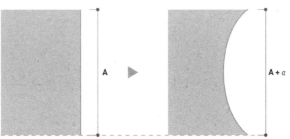

相同长度的街道，曲形正立面能展示更大的面积

另外，作为主立面象征马自达品牌的曲面外墙，除了能展示内部空间构成外，还能够更好地确保主立面面积。

一张图上配有一个对话框

竞赛时引出要点的平面图

用文字概括了汽车动线处理、使用凹面的目的，以及1楼维修工厂与2楼展示厅的关系等。一张图纸上避免繁杂，逐个展示要点。

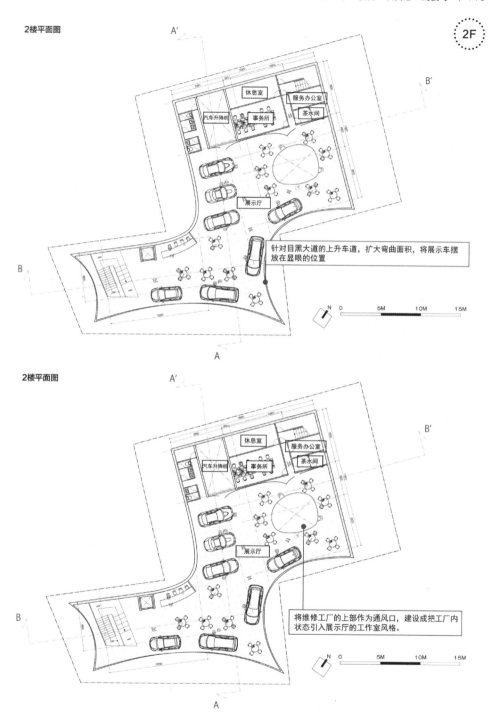

2F

2楼平面图

A'

B'

休息室
服务办公室
汽车升降机
事务所
茶水间

展示厅

针对目黑大道的上升车道，扩大弯曲面积，将展示车摆放在显眼的位置

B

N 0 5M 10M 15M

A

2楼平面图

A'

B'

休息室
服务办公室
汽车升降机
事务所
茶水间

展示厅

将维修工厂的上部作为通风口，建设成把工厂内状态引入展示厅的工作室风格。

B

N 0 5M 10M 15M

A

完成后的照片

**从初期阶段开始
就展示正式的透视图**

2楼的展示厅。SUPPOSE DESIGN OFFICE拥有透视图方面的专家，从初期阶段就展示正式的透视图。映照红色车体的黑色基调装修，外露的结构体、天花板采用体现温情的木材构成，始终与当初的提案相贯通。

**从使用者视角出发，
提出VIP房间方案**

SUPPOSE DESIGN OFFICE提出了1楼的VIP房间（品牌车库）方案。交车时，可以通过房间的玻璃向顾客展示新车。

"超级外行"的感觉是武器

竞赛后事务所一口气推进了项目，2013年11月为止是基本设计阶段，2014年3月为止是实施设计阶段。

设计阶段中，除了将外观的曲面设计限定在拐角处，还将地上3层的设计更改为地下1层、地上3层。后者是为了配合1楼停车数的增加而将维修工厂配置在地下的布局。虽然1楼维修工厂与2楼展示厅通过通风口连接在一起的构成没有了，但取而代之的是2楼的咖啡厅。

SUPPOSE DESIGN OFFICE 非常重视"超级外行的感觉"，有时候会提出要求中没有的方案。例如事务所提出的VIP室（现在称为品牌车库）。这是在店铺交车时，一边越过玻璃观察停车场里的新车，一边向买主解说或办手续的地方。吉田对设计目的的解释是："顾客花200万、300万日元购车，如果在特别的场所交易的话，情绪就会高涨，满足程度也会提高。"这种站在顾客立场的创意，也是SUPPOSE DESIGN OFFICE的强项。

运营者的看法

片桐洋志
（关东马自达目黑碑文谷店店长）

设计提高关注度

本店展览厅的定位是宣传品牌的新世代店铺。店内也对此提供了以往店铺所没有的服务，例如配有为客人做向导的接待员，员工周末穿运动服工作等。连店内摆放的小物品，全部都是本社的设计本部或SUPPOSE DESIGN OFFICE指定的。同时我们还致力于举办各种活动，向外界传递信息。开业后引起了媒体极高的关注。老顾客之外的来店顾客中，半数都乘坐进口车，这些现象也显示了顾客层的变化。销售额与以前相比也提高了3成。

提案时的透视图

用简洁的图纸
彰显高雅品位

风格

用一张草图集中概念

SUPPOSE DESIGN OFFICE 经常会提出超乎客户要求的方案。例如"千叶之家"（2013 年竣工），这是一个通过变更房间布局从而实现原有住宅改造的项目。事务所的设计是扩大房檐，将庭院安置在室内空间并实施扩建，创造出一个如同庭院般的开放式客厅。

像这种"超乎要求"的设计方案，问题是如何向客户说明并获得对方的理解。谷尻说："设计时，暂时不要顾虑住宅或建筑物的功能、空间构成，先从为什么而建造开始思考。我们既想重新确认设计的主干再开始设计，也想要将设计简单易懂地传达给客户。这时，我们会选择草图的形式。"

在千叶之家项目中，事务所对比了两幅图，一幅是设计前原住宅与树木丛生的庭院相靠的状态，另一幅则是设计后在庭院架起巨大屋顶的剖面图。将要点集中在一张图纸上，让人对设计主干一目了然。"设计的过程中会出现一些细节的调整，但这不过是枝叶。只要和客户在最初的概念图上达成一致，推进项目时核心也不会动摇。"

谷尻和吉田使用的语言平易近人，也为简单图示组成的展示锦上添花。在住宅建设的商讨会上，一般很容易出现客户不熟悉的专业用语，但是两人却一直注意使用周围人都可以听懂的表达方式。

谷尻通常会用比喻手法。采访中问到两人的角色分担时，他用"我负责树立登山的'目标'，而吉田则负责针对如何行动提出具体的'登山方法'"这一简单易懂的比喻做出了回答。

谷尻在使用比喻时，会选择料理或时尚等对方感兴趣的内容。他评价自己说："我很擅长配合对方，从这方面来看算是很有心机了（笑）。"在这门说话艺术的背后，体现了他在观察对方能力上的敏锐。

千叶之家

所在地：	千叶市
主要用途：	专用住宅
用地面积：	477.71 m²
建筑面积：	187.56 m²（其中扩建部分78.49 m²）
展开面积：	261.43 m²（其中扩建部分74.85 m²）
结构：	木造
层数：	地上2层
设计、监督管理者：	SUPPOSE DESIGN OFFICE
设计合作者：	大野JAPAN（结构），庭仁（外围结构、庭院建造）
施工者：	樫木建设
竣工：	2013年5月

用简单的速写展示计划主干

如同庭院般的客厅

针对改建的要求,事务所提出了延长房顶扩建客厅的计划。目的是通过让客户能够在客厅内看到过去在庭院里看到的原住宅外墙,创造出如同身处庭院般更具开阔感的空间。

在庭院里架设巨大的房檐,让客户借以往对外墙的记忆,感受如同庭院般的客厅空间。

从标志到透视图都独具魅力

谷尻和吉田一致表示："无论何时都想让对方感受到我们独到的品位。"

SUPPOSE DESIGN OFFICE 从初期阶段的展示到设计的细节处理都十分讲究。"建筑师设计的空间，虽然潇洒但很多时候会让人感觉缺少情趣。我们不仅设计建筑，还会对物品、照片等进行设计，我们希望提出能让对方感受到空间整体魅力的方案。"

展示方案时，事务所从初期阶段就使用了大量的照片。在事务所的 26 名员工中，有 2 名透视图专家和印刷美术设计师担任这项工作。

他们为了表现出心中的效果，甚至会注意文案封面字体的大小和位置等。无论客户有无要求，还会制作设施的标志。标志是与建筑计划一同思考的，因此更具亲和力，更能向客户传达出具体效果。

内外观透视图通过描绘房屋背后的街道、使用材料的纹理、人的行动等，突出真实感。此外，还绘有建筑物受到光线反射模糊的部分。严谨与变形手法并存，令人印象深刻。

独特的品位还体现在事务所的服装和所持物中。我们于 2015 年 11 月前去采访时，他们正在制作工作时穿的亚麻外套，和商讨时用的黑色大手提袋。

包括自己在内，全部都让人感受到独特的品位——SUPPOSE DESIGN OFFICE 的说明展示，从这里已经开始。

相册是"烤墨纸机关"

事务所的另一个讲究是在最初面向客户的发表展示中，经常会提供效果相册。这是一本几十页的小册子，内有大量展示客厅或吧台区等空间的用途，配合绿色植被、有机栽培或纽约风等空间效果的照片。用照片与客户相互确认计划方向性是设计者普遍会采用的方法，但 SUPPOSE DESIGN OFFICE 的做法更加彻底。

制作效果相册，不仅是为了确认客户对计划的要求，还有着与事务所负责人之间共享方向

性的意义在里面。"在描绘计划前，事务所里各方面的负责人会筛选出自己感觉良好的照片，首先达成内部共识。发表展示时用照片作为打开话题的窗口，询问客户感觉良好的要素或理由。只要这里和客户在效果上产生了共鸣，设计阶段出现各种意见，我们也能回到原点。"（吉田）

制作标志给予亲近感

封面设计和透视图。关于设施的标志，有时是收到客户的委托制作，也有时是 SUPPOSE DESIGN OFFICE 自发提案。透视图中，建筑物以外的部分也得以细致描绘，补充了计划的效果。

狮子桥牙科医院

明快的标志给人平易近人的感觉

事务所设计标志时，希望表现出一个能拉近牙科医院与入院者之间距离的轻松明快的空间。标志是医院名中的狮子与牙齿的形状相组合而成，表现出了亲近感。

山峰重叠状的投影

在东京都内建设商业设施的计划中，事务所提出的方案是以庭院为中心聚集店铺的空间构成。他们自行设计了标志，是三角形房顶重叠的投影，并将其放在了封面上。

每一个计划都会
在封面的素材和
设计上下苦功

每一本都手工
开洞和线装

比如，客户非常喜欢遍布植被的中庭风格空间的照片。那么客户是喜欢照片中阳光照射的明快氛围，还是喜欢空间内沙发的设计呢？ 事务所就是这样，挑选出顾客喜爱的要素。

"相册是为了将客户抽象的想象连接到具体的空间上去，可以说是'复印件'。虽说是喜欢明朗的空间，但我们必须理解对方所说的明朗是什么含义。同时，提出对方所不知道的明朗也很重要。"SUPPOSE DESIGN OFFICE 不仅能通过了解对方来摸清提案的方向性，还明确地意识到提案时应该向对方传达什么信息。

收录在相册里的不只有照片。在模拟机场大厅的空间设计中，文案的封面和背面被设计成了护照的样式，里面还有仿真机票和线路图的内页。而在以绿色和有机栽培为主题的店铺设计中，封面上配有植物的照片，内页附有文章来阐述对美的思考。

事务所通过相册，来表现他们所追求的理念。"相册能让客户满意"，这种心情，就是他们推动项目前进的动力。

照片集表现世界观

事务所在最初的说明展示阶段会提交效果相册。一边展示空间效果和小物品类的照片一边展开对话，与客户在计划方向性上达成一致。会配合计划的内容将相册做出不同的设计，也可以带动客户的情绪。

展现旅行或植物的氛围

以机场为主题的服务类商店的效果相册中，就使用了护照风格的封面。线装的样式也增添了特别的味道。

第3章

"获得信赖"的秘诀

　　本章将介绍设计者在应对客户的期待和潜在不安的同时，如何进行扩大空间可能性的说明展示。

伊东丰雄
伊东丰雄建筑设计事务所

事例学习
大家的森林岐阜媒体空间：
严谨讨论，简洁传达

风格
引出要求中没有的"行为"
· 将要求中的"功能"转换成"行为"
· 选取能产生共鸣的主题
· 从绘图形式中抽离部分

伊东丰雄：1941 年出生于韩国首尔。1965 年毕业于东京大学工科部建筑专业，离开菊
竹清训建筑设计事务所后，于 1971 年成立城市机器（URBOT）。1979 年改名为伊东
丰雄建筑设计事务所。近年作品有"墨西哥巴洛克国际博物馆"（2016 年，墨西哥）等。
2013 年获得普利兹克建筑奖。

大家的森林岐阜媒体空间：
严谨讨论，简洁传达

事例
学习

与背后山峰交相呼应的波浪大屋顶

安藤忠雄、妹岛和世、槙文彦、藤本壮介等人参加了计划于 2015 年 7 月开馆的"大家的森林岐阜媒体空间（岐阜市，以下简称媒体空间）"的公开投标中，共有 12 名设计者进入复审。伊东丰雄就是其中之一，他回忆当时的心情："我不能输在这里，所以比以往更有斗志。"

岐阜市从 2010 年 11 月到 2011 年 2 月，分三个阶段对媒体空间的设计者进行了选拔。评委会由东京艺术大学的教授北川原温担任总评委，初审从 70 名候选者中选出了 12 人，复审选出了伊东丰雄、槙文彦、藤本壮介三人，终审的公开说明展示与意见听取会后，最终选择了伊东。

利用已中止的计划

伊东在初审中，提出了二重结构的方案，一是"大空间"，即利用自然能源的微气候空间；二是"小房间"，即对环境进行微调的空间。实际上，伊东从以前就开始酝酿这个"大空间与小房间"的创意了。

大家的森林

所在地：	岐阜市司町40-5
主要用途：	图书馆、市民活动交流中心、展示用回廊
地域、地区：	商业地域，准防火地域等
建蔽率：	50.72%（容许80%）
容积率：	103.13%（容许400%）
基地道路：	东18m，北9m
建筑面积：	7530.56 m²（包括附属楼、停车场等）
展开面积：	10 544.23 m²（同上）
结构：	混凝土造，部分钢造（1楼、M2楼）；钢造、木造（2楼）
层数：	地下1层，地上2层
客户：	岐阜市
设计管理者：	伊东丰雄建筑设计事务所
设计合作者：	奥雅纳（结构、环境计划、防灾防火）等
施工者：	户田建设、大日本土木、市川工务店、雏屋建设社JV（建筑）等
竣工：	2015年2月

投标时准备的外观透视图。透过木格子可以看到建筑内部的状态（资料：至168页为止均由伊东丰雄建筑设计事务所提供）。

出发点是"书之街"

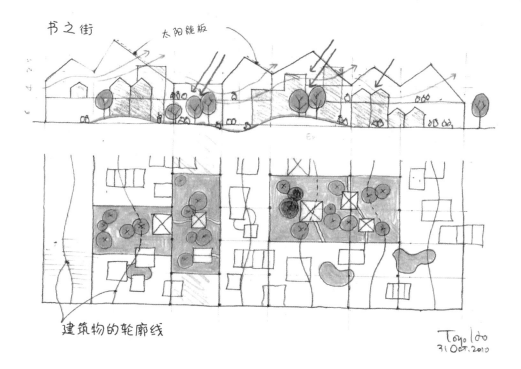

形象灵感来源于人们聚集在"森林"所引发的影响

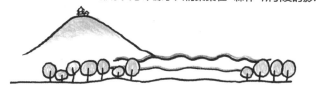

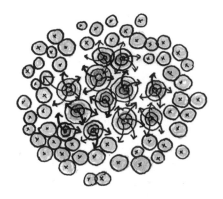

在初期为初审所准备的速写中,描绘了大屋顶下书街汇集的空间。在复审方案的开发概念中,展示了设计灵感来源于聚集于此的人们的活动,会对未来产生巨大的影响。

灯罩下延伸开的阅览区

完成后的开架阅览区。微气候的大空间与能调整采光和空气环境的灯罩相结合。方案活用了许多当地资源，比如使用县产扁柏制造木制薄壳屋顶、冷暖辐射空调利用水位高的地下水等，能够减少一半耗能（照片：车田保提供）。

在投标开始前，也就是 2010 年 1 月，伊东进行了每年惯例的演讲，他宣布："今年的主题，是以空气流动和光等能源为基础的设计。"之后，在低层办公室的委托设计中，他想出了大空间和小房间的组合方案。

该项目虽然中止了，但伊东却对这一设计感到满意："这与提高墙壁和房顶性能的现代建筑不同，外部与中间领域、内部空间相融合的日式节能方法是可以实现的。"

后来他凭借"大空间与小房间"的创意，通过了媒体空间的初审。而实现最终方案的突破，是在初审结果公布（2010 年 11 月 16 日）到复审提交方案（12 月 24 日）这段时间里。

得知能进入复审的伊东，邀请奥雅纳（东京都涉谷区）的高级助理金田充弘和高级环境设备工程师荻原广高来助阵，成立了设计小组。"以往我们都是与结构设计者从初期就开始合作，这还是第一次在这么早的阶段就邀请环境方面的设计者加入。"

以"空气与光"为主题，进一步修改设计

第一次审查方案

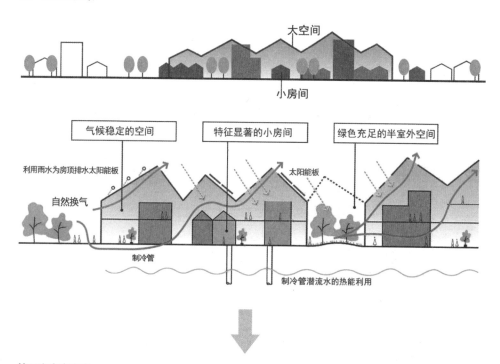

第二次审查方案

d-2 最大程度利用自然能源，实现建筑消费能源节省1/2

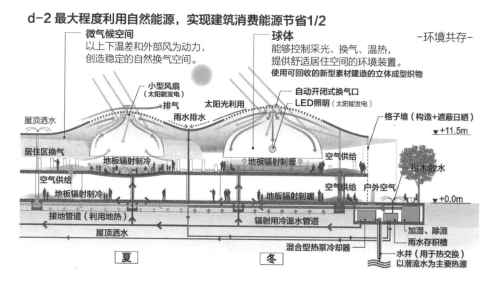

初审中，伊东提出了通过"具备稳定微气候的大空间"与"微调环境的小空间"来减少耗能的思路（上）。在准备复审的过程中，方针又向着撤掉墙壁的方向转换。最终方案进化为从天花板悬吊灯罩，使其成为调节空气流动和光线的装置。

沿低矮水平线延伸的空间，与广场和丰富多彩的绿色相辅相成，创造出了内外一体化的热闹场所。

—开发理念—

a司町之森影响未来

1.将司町的街道装点成绿色满溢的森林。

2.人们汇集在森林中，在这里交流、发送信息，形成众多小漩涡。

3.这些小漩涡继而发生变化，相互影响从而对未来产生大影响。

4.影响会引发各种自然变化（空气、光、热、地下水etc），
由自然能源创造的舒适环境由此诞生。

5.漩涡的中心准备了停滞空间作为据点，如同在波浪间杨帆的船
一般。

过去，织田信长以岐阜为据点展望新世界，掀起了统一日本的大潮。不被习俗所束缚、充满自由的冒险精神，这份理性的好奇心，正是司町之森的交流设施应当继承的精神。

C 建设与金华山、长良川向呼应的文化

1. 在街道中搭建绿色互联网，　　2．两处林荫
创造人类活动与生物的多　　3．在两处公
样性。

波浪形屋顶与背后的山峰相呼应，木制格子屏风柔和地划分出内外区域。

一张A2纸上的复审提案文件。通过复审的3名设计者，迎来了由公开举行的说明展示、意见听取会所组成的最终审查。

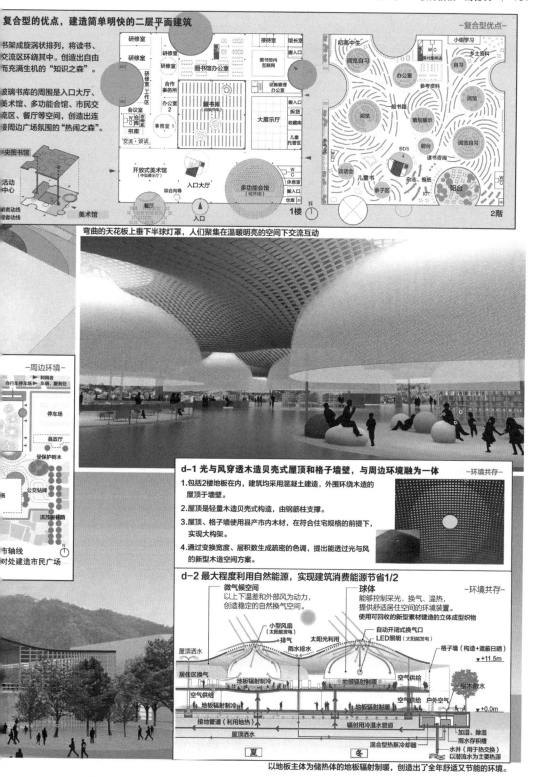

制作第二次方案时，伊东最初计划在锯齿状屋顶下设置被墙壁隔开的小房间。后来变成了撤掉墙壁，在曲面薄壳屋顶上悬吊 11 个灯罩的方案。半球形的灯罩有着调节采光和调节空气环境的功能。

伊东计划削减一半耗能，而结构专家和环境专家的加入，为这个目标带来了新的创意。"竞赛或投标的时候，感到这个计划行得通。而没想到，实现得如此之快。"

"需注意要素过多"

为了提交第二次方案，设计小组做了 100 多次模拟练习。在建设计划中，甚至连旋涡状摆设的书架的配置都进行了讨论。伊东说："投标追求的是相当于徒手画稿一样的简单表现，但直接画出粗略的思路并不能取胜。必须要具备能获得对方信赖的能力。"

话虽如此，竞赛指定提交的图纸是 1 张 A2纸，能放在上面的图示非常有限。"如果什么都放，东西太多的话，对方反而不容易看到我们想传达的信息。所以我们多画了几张，然后从中选出了能有效传达目的的图示。"事务所以木造薄壳屋顶和吊灯等构思为中心，准备了许多手绘和模型，但在提案文件中，则只使用了简单的效果图和剖面图。

他们还注意在文章中尽量使用简单易懂的语言。例如说明概念时，就简洁地逐条介绍。我们试着数了一下资料内的字数，每一项平均约45 字，最多只有 100 字。如果不是下功夫推敲，恐怕无法将文章凝练至如此程度。

另一个引人注目的，是事务所根据实施要点对 4 个概念进行了分类。"丘陵上的森林将影响未来"这一题目，分别呼应了追求开发概念、复合结构的优点、周边环境、环境共存四个要点。

伊东说："我们注意的是如何接近客户心目中的建筑，并设计出让对方满意的形式。"他的这种态度，正体现在具有严谨技术支持的提案，以及针对对方关心的内容做出说明的方法中。

说明展示前也要做好充分准备

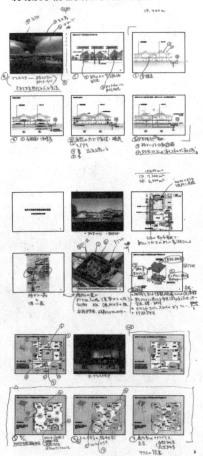

在第三次审查即公开说明展示开始前，伊东挑选了PPT里每页应该阐述的要点，并在上面标注了需要花费的时间，为在有限的时间内有效传达信息而做准备。

客户的看法

细江茂光
（岐阜市长）

能实现"具体化"的人

伊东的提案，和岐阜市"建造热闹又亲切的图书馆"的方针一致。当时我们提出将略显闭塞的 1 楼部分"再开放一些"，这似乎和伊东的目的相符，所以他积极地做出了回应。他还建议我们成立支持设施建设的支援团，所以我们就委托了日比野克彦担任支援团长。伊东在市内的小学举办了两次特别授课，将小学生的意见也反映在了方案中。不仅是创意，伊东是一个能通过与行政的协作将方案具体化的人。

第二次审查方案中讨论细节

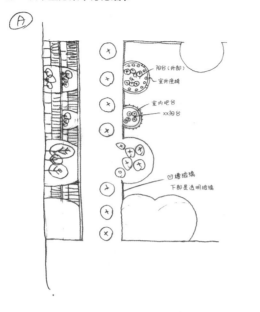

① 房顶板要配合地形搭建，创造当地特色

② 内/外分界线呈不规则形态

想极力消除
内外不一致

08 Dec. 2010

10. Dec. 2010
2.
Toyo Ito

伊东在整理第二次审查方案的时候亲手制作的速写图与概念解说文。他还制作了悬吊有灯罩的室内模型，进一步讨论了细节部分。

想极力消除内外不一致

岐阜概念　　　　　　　　　　　　16 Dec. 2010
司町之森影响未来
成功建造可以节能1/2的建筑

① 将司町的街道装点成绿色满溢的森林。

② 人们汇集在森林中，在这里〈愉快地〉交流〈发送讯息〉，
　形成众多小空间〈漩涡〉。

③ 这些小漩涡继而发生变化，相互影响从而对未来
　产生大影响。

④ 影响会引发各种自然变化（空气、光、热、地下水etc），
　由自然能源创造的舒适环境由此诞生。

⑤ 〈漩涡的中心〉准备了停滞空间作为据点，如同在
　波浪间扬帆的船一般。

过去，织田信长以岐阜为据点展望〈新〉世界，掀起了统
一日本的大潮。〈不被习俗所束缚、充满自由的〉冒险精
神，这份理性的好奇心，正是司町之森的交流设施应当
继承的精神。

引出要求中没有的"行为"

风格

将要求中的"功能"转换成"行为"

至今在多个竞赛投标中获胜的伊东，这样讲述自己获得胜利的理由："虽说如果否定客户要求的方案就会被刷下来，但是完全按照方案设计也只能做出普通的建筑。如何在满足要求的同时，创造新的活动？为了解决这个问题，我通常会将审查要点中所写的'功能'解读为使用者的'行为'再进行设计。"

在 2005 年公开投标中被选中的杉并区立山并艺术会馆"座·高园寺"项目中，伊东这种"将功能替换成行为"的解读就发挥了作用。

投标要求设计一个集合小剧场、居民工作专用会馆，以及以联系和普及当地活动"阿波舞"的会馆。伊东在设置具有上述特征的 3 个会馆的基础上，又增加了一个彩排室，定位为"具有互换性的 4 个会馆"，将其设置在了地下 2 层到地上 1 层。在保证必要的规模和功能的同时，箱型空间并不会限制舞台和观众席的形式及利用目的，使能够活用的范围进一步扩大。

例如，天花板高度为 6.5 m 的阿波舞会馆，还可以作为排练室来使用。地下 2 楼的排练室（实施方案中变为地下 3 楼），不仅可以用来练习，还可以用来工作展示。

其中，伊东特别留心"能够实现多目的利用"的是地上 1 楼的小剧场。他将墙壁的一部分设计为拉绳窗，打开后小剧场就与休息室、外部空间连成了一体。这使得内外地面在同一层相连，提高了空间的连续性。这一发挥活动可能性的空间构成，在评审中也获得了"该设计令空间无段差无阻碍，十分出色地实现了灵活利用的效果，极具魅力"（选定委员会委员长古谷诚章）的评价。

在之后的设计中，根据剧场相关人员的要求，他将箱型外观修改为帐篷风格。但伊东始终坚持 4 个会馆叠加的构成。1 楼的小剧场能通过可动式墙壁与外部相连，排练室可作为戏剧学校的教

室来使用等，他创造出了一个能够吸引各种活动的场地。

伊东说："不只是会馆，2 楼的咖啡厅还经常用于举办派对和孩子们的读书会等活动。"

座、高园寺

所在地：	东京都杉并区高园寺北 2-1-2
主要用途：	会馆、研讨会
用地面积：	1649.26 m²
建筑面积：	1107.86 m²
展开面积：	4977.74 m²
结构：	钢造（地上），混凝土造（地下）
层数：	地下 3 层，地上 3 层
设计、监督管理者：伊东建筑设计事务所	
设计合作者：	创建（建筑）
	佐佐木睦朗结构计划研究所（结构）
	环境工程（设备）
	永田音响设计（音响）等
施工者：	大成建设（建筑）等
竣工：	2008年11月

地上与地下的会馆相叠加

（1）尽力缩小地上部分的体积
（2）创造封闭
（3）让场地变为强化附
（4）制造来功感

宣传互换性和联动性

这是投标评审的说明资料，考虑到用地位于靠近轨道的住宅地区，设计者提出了黑色箱型空间包围会馆的封闭式外观的方案。

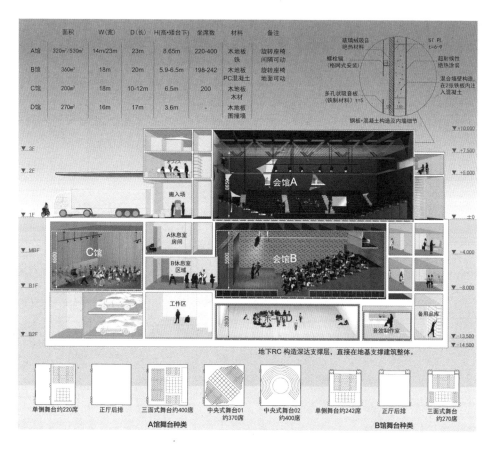

	面积	W(宽)	D(长)	H(高·矮台下)	坐席数	材料	备注
A馆	320㎡/530㎡	14m/23m	23m	8.65m	220-400	木地板 铁	旋转座椅 间隔可动
B馆	360㎡	18m	20m	5.9-6.5m	198-242	木地板 PC混凝土	旋转座椅 地面可动
C馆	200㎡	18m	10-12m	6.5m	200	木地板 木材	
D馆	270㎡	16m	17m	3.6m	-	木地板 围挡墙	

单侧舞台约220席　正厅后排　三面式舞台约400席　中央式舞台01约370席　中央式舞台02约400席　单侧舞台约242席　正厅后排　三面式舞台约270席

A馆舞台种类　　　　　　　　　　　　　　　　　　　　　　B馆舞台种类

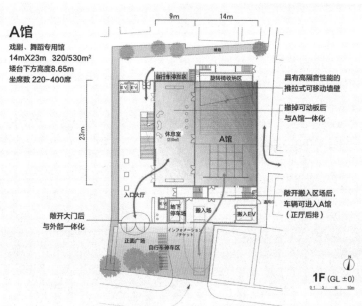

A馆

戏剧、舞蹈专用馆
14m×23m　320/530㎡
矮台下方高度8.65m
坐席数 220-400席

具有高隔音性能的推拉式可移动墙壁

撤掉可动板后与A馆一体化

敞开搬入区场后，车辆可进入A馆（正厅后排）

敞开大门后与外部一体化

1F (GL ±0)
0 1　3　6　　　10m

伊东在 1995 年建成的八代广域消防本部办公楼（熊本县八代市）项目中，对提出客户要求中所没有的方案，有了得心应手的感觉。他的设计是将消防队员的训练设施置于中庭，外围是呈 L 形的底层架空式建筑。市民可以通过 2 楼的大开口部和底层看到消防队日常训练的状态。拉近消防队与市民间的距离，也有助于提高队员们的士气。"方案与建筑完美契合"的真实感受，决定了伊东今后的设计方向。

选取能产生共鸣的主题

在预定 2018 年春季竣工的信浓每日报社松本本部（长野县松本市）项目中，伊东从制作方案阶段就参与其中。客户虽然是民间企业，但项目本身是具备公共性这一特点的，所以客户希望建筑物的底层部分成为与市民交流的空间。

伊东收到客户的咨询后，为其推荐了 studio-L 的山崎亮，他是街道建设、社区设计方面的专家。山崎与商业领域的专家一起举行了以居民、游客、新闻社社员为对象的百人意见听取会，以及市民参加的研讨会。伊东与事务所员工在理解了会上提出的要求后，将其反映在了每月 1 次的设计提案中。伊东说："这个项目能对今后公共设施的建设方法有所启示。"

有人希望建造屋内空间供孩子们游玩，或者可在寒冬时供人们等候会面；还有人希望可以有编辑发送活动信息的场所等。为了创造一个能让新闻社和市民交流的代表性建筑，伊东提出了"市内分社"的方案。

市内分社位于 1 楼的开放空间，既有提供接待、观光向导服务的窗口，还有记者发送实时信息、接受来自市民的信息的场所。这个创意是在百人意见听取会后与山崎商讨得来的。新闻社的社员也希望有一个能和市民接触的场所。

客户积极接受了市内分社的提案。如果在初期展示能与客户产生共鸣的方案，也就有了推进的向心力和推动力。

在听取居民和社员的意见、构思方案的同时，伊东还十分重视对可实现性的检验。"在与客户商讨的初期阶段，创造能与市民交流的公共空间

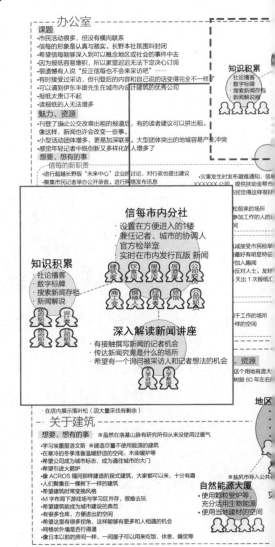

是提案的主题。但后来，讨论的中心就变成民间企业能否实现这一主题了。"（伊东）

事务所邀请了 20 名新闻社社员又进行了一次意见听取会，确认能否实现市内分社的创意。例如记者有一个企划方案和医疗、美术等专业领域的研讨小组有关。在意见听取会上，事务所询问记者在日常工作中怎样分配时间，然后根据记者的人数设定轮班表。最终通过这

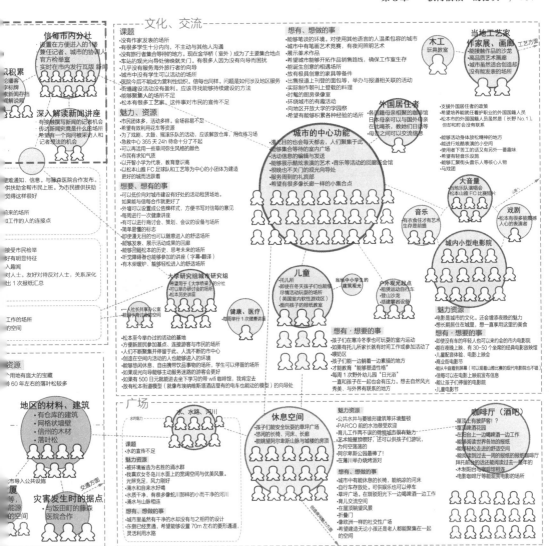

提出"市内分社"方案，幽默图解意见听取会的结果

事务所在信浓每日报社松本本部的计划中，召开了市民百人意见听取会（右图），提出了"市内分社"的方案。伊东说："山崎并不直接问市民的要求，而是通过问'如果建筑有这样的功能您想做什么'，来引出市民的意见。这种方法让我受益匪浅。"

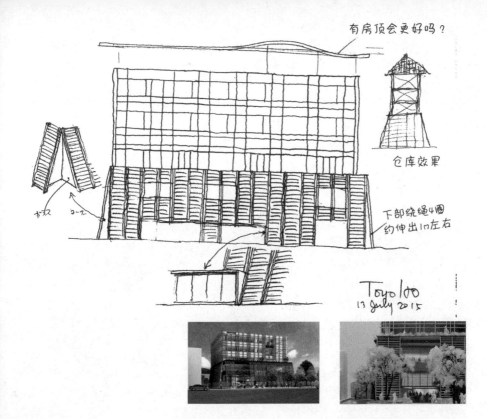

种方法向客户展示了可以实现方案的证据，推动了项目的进行。

伊东用传真向事务所发送手绘的草图，指挥员工们围绕基本设计进行细节讨论。

从绘图形式中抽离部分

信浓每日报社松本总部向市民开放低层区。方便市民和游客进入的外观也是设计的一个亮点。

但是在初期的商讨会中，事务所并没有针对外观的具体形态展开讨论。方案展示时，事务所也将内外观透视图分成几部分，并有意识地画出使用者的状态。这是为了让客户注意建筑是为了什么目的而存在，而不是关注建筑物的外形。"如果拿出一目了然的外观设计图，那论点就会集中在外观上。我希望初期阶段不要考虑外观，而是与客户在方案上展开讨论。"

事务所提出的外观方案是在2015年7月，面向市民等群体的意见听取会结束，便开始更具体的讨论。

在低层区竖起百叶窗的设计，是伊东从松本城和街道中遗留的仓库，联想到箭楼后诞生的创意。"梯子状的百叶窗，也可以说是对应现代主义的一种表现。"

以箭楼为形象的低层区

事务所以伊东的手绘草图为基础展开外观形象的讨论。模型也为了让客户能联想使用者的状态，模拟了活动举办等场景。

信浓报社松本本部

所在地：	长野县松本市中央2-20-2等
主要用途：	事务所、店铺
用地面积：	3930.5 m²
建筑面积：	1600 m²
展面面积：	8250 m²
结构：	钢造、混凝土造、钢筋混凝土造、柱头抗震
层数：	地下1层，地上5层
设计、监督管理：	伊东丰雄建筑设计事务所
设计合作者：	佐佐木睦朗结构计划研究所（结构）
	ES Associates（机械设备）
	大泷设备事务所（电气设备）
施工候补者：	北野建设
竣工：	2018年4月（预定）

奥雅纳公司
城所龙太、荻原广高

风格

城所龙太：

用简洁的结构表达说服客户

风格

荻原广高：

客观数据诉说温馨话语

城所龙太：1976 年出生于美国纽约。1998 年毕业于美国康奈尔大学土木工程专业。在美国宋腾添玛沙帝就职一段时间后，2000 年 7 月进入奥雅纳公司。曾负责"NAMICS 技术核心"（2008 年，山本理显设计工场）、"体验自然展望台六甲垂枝"（2010 年，三分一博志建筑设计事务所）、"大分县立美术馆"（2015 年，坂茂建筑设计）等项目的结构设计。

荻原广高：1979 年出生于日本爱知县。1998 年毕业于日本神户大学工科部建设专业。在 NTT 设备就职一段时间后，2008 年进入奥雅纳公司。现在就职于伦敦总部。曾负责"ONOMICHI U2"（2014 年，SUPPOSE DESIGN OFFICE）、"大家的森林岐阜媒体空间"（2015 年，伊东丰雄建筑设计事务所）、"大分县立美术馆"（2015 年，坂茂建筑设计）等的设备设计和环境计划。

用简洁的结构表达说服客户

风格

结构设计者需要面向建筑设计者、客户、结构评定委员、建筑物的使用者等各种人进行方案展示。在奥雅纳公司担任经理的城所龙太，会根据说明对象的不同来调整自己的思路。

城所与山本理显、坂茂、三分一博志等设计者合作，创造出了许多崭新的建筑。他在思考这些设计者提案的时候，十分重视拓展计划的可能性。"不仅是接受咨询后脑海中立刻浮现出来的方法，我还会思考其他的可能性。"另一方面，在对客户讲解时，"对方大多追求安心感。关键是不留下问题和不安，展示出经过检验后的最佳方案。"

决定要素是"建筑与结构的融合"

正面回应对方关注点的态度，对给予对方安心来说极为重要。在坂茂建筑设计事务所设计的 2015 年 4 月竣工的大分县立美术馆项目中，是否采用免震结构成了基本设计初期阶段讨论的重点。

城所从大分县 2011 年实施的公开募集型二阶段投标开始时，就作为结构设计者与坂茂一起合作。投标的条件之一，就是围绕免震结构展开讨论。城所为了减少地下挖掘量，提出了在地下停车场的柱头采用免震设计的方案。坂茂建筑设计以此为前提，总结出了一个与外部空间一体化的开放性美术馆方案，从而中标。

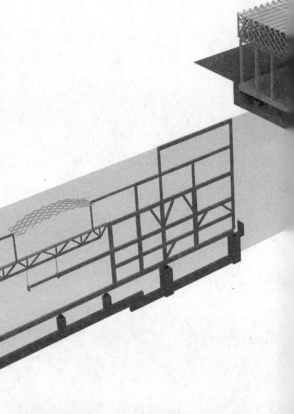

采用免震设计实现大空间的"大分县立美术馆"

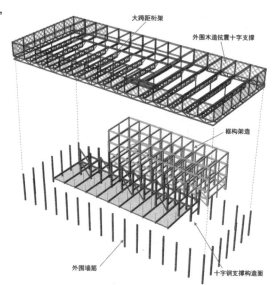

大跨距桁架

外围木造抗震十字支撑

框构架造

外围墙筋

十字钢支撑构造面

上部构架概念图

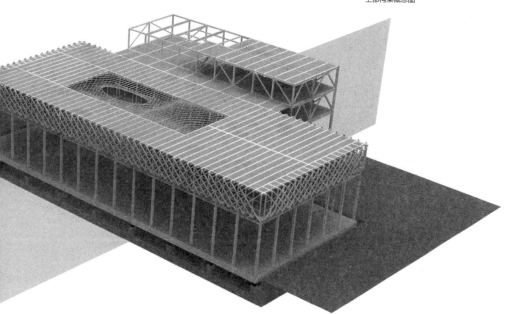

投影图与断面图相组合展示美术馆结构

上图是竣工后立刻制作而成的，图中说明了结构的概念，即免震层上建造包含无支柱大空间的建筑物。城所从展示建筑物体积的投影图切换到断面图，简单介绍了结构的特征。右上图是基本设计结束时添加的构架计划图。（资料：除特别标记外182页为止由奥雅纳提供）

有亲和力的手绘概念图

对抗震结构（上）与免震结构（下）在大地震发生时的晃动进行了简单对比。城所在和设计者的商讨会中也活用速写，从而与对方快速交流构思。

用图示说明免震结构的优点

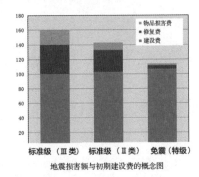

通过对比抗震结构与免震结构中维修费、地震发生时建筑物所受到的地震力大小，说明免震结构的优点。城所用普通的概念图进行了简单展示。

　　但是基本设计开始后，和客户的商讨会中依然在讨论是否采用免震结构。"客户负责人认为我们的判断是正确的，并希望我们能够向议会和市民做出恰当的说明"，为回应这一要求，城所准备了说明文件，上面简洁整理了免震结构的优点。在对比抗震结构的同时，针对客户关注的抗震性能和成本方面列举了采用免震结构的优点。

　　我们看过资料后发现，城所为了帮助众多相关人员理解，一直贯彻简单的说明方式。他不会涉及精密复杂的计算，多采用手绘概念图和简单的表格。城所为了"容易将重点展示给对方"而经常使用手绘图。

　　经过说明后，城所又回到了"计划的目标是'开放性美术馆'，如果不是免震结构，这个目标就无法实现"的原点上。如果只从安全性和成本方面判断的话，就没必要特意通过投标来募集创意。城所一边展示安全性和成本方面的优点，一边说明建筑物的目标，最终让客户理解了采用免震结构的目的。他回忆说："只有建筑和结构相融合，设计方案才能成立。我又一次意识到传达这个基本理念是多么重要。"

与外部空间一体化的开放式美术馆

面朝国道的南侧，除一部外均为向上折叠式玻璃开口部。美术馆力求实现内外空间一体化的开放性结构（照片：第172页由本书编委会提供，第173页由平井广行提供）。

分阶段展现结构

2011年12月

最初先展示区域构成

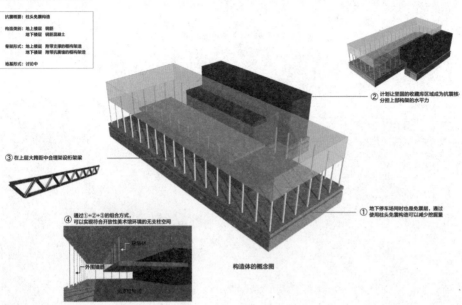

抗震概要：柱头免震构造
构造类别：地上楼层 钢筋
地下楼层 钢筋混凝土
骨架形式：地上楼层 附带支撑的框构架造
地下楼层 附带抗震墙的框构架造
地基形式：讨论中

② 计划让坚固的收藏库区域成为抗震核心分担上部构架的水平力

③ 在上层大跨距中合理架设架桁梁

④ 通过①+②+③的组合方式，可以实现符合开放性美术馆环境的无支柱空间

外围墙筋

① 地下停车场同时也是免震层，通过使用柱头免震构造可以减少挖掘量

构造体的概念图

最初只展示"箱型空间"

城所在制作面向非专业人士的资料时，非常注意"如何在表达时简单易懂"。在大分县立美术馆的设计过程中，他就分阶段采用了只说明特征的方法。

建筑物分大空间的展示楼和收藏库楼。展示楼中，用 28.5 m 的大跨距来安置 3 楼的桁架梁，然后从 3 楼悬吊 2 楼的地板。施加在上部构架的水平力，由作为抗震核心的收藏库楼来承担。将如此组合过后的建筑物建设在免震层上，就实现了展示楼 1 楼天花板高 10 m 的无支柱空间。

2011 年 12 月，在基本设计的说明展示中，城所并没有详细表现出梁的存在，而只用"箱型空间"表现了展示楼层和收藏库楼。这是为了让对方掌握 2 个箱型空间和 1 层的无支柱空间所构成的建筑整体效果。在 1 月的商讨会中，他在 3 楼画入了桁架梁，而在基本设计大致定型的 2 月中旬，为图示中的收藏库楼添加了支柱和房梁。城所还根据有无房梁的情况，对俯视建筑物的角度做出了细微调整。

3楼箱型部分的细节图

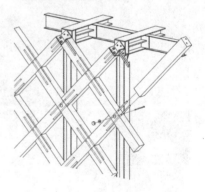

大分县立美术馆的结构概念图。2011年12月开始基本设计时，城所用1楼的柱列和2个箱型空间代表中央的建筑物，说明了结构的大框架。随着基本设计的进行，他又具体加入了桁架梁等细节。

图示解说构成，垂直材料是落叶松集成材的防火层包裹钢，倾斜材料则是杉木的无垢材。

记述支撑大空间的桁架

免震构造保护人、展示品、建筑物免受地震损害

美术馆是县民艺术文化创造的核心设施,它不仅要受县民喜爱、创造生机,也应该具备更高的防灾性能,因此我们建议,为了让美术馆在地震中保护好来馆者、收藏物、建筑本身,应该采用不仅能承受晃动,还能大幅度减少晃动的免震构造。

免震构造是在建筑物与地盘间建造加入"绝缘"材料的免震层,从而避免地震的横波直接影响建筑物,因此比起抗震构造更能减少构造体的体积,这样就能够实现轻型上部构架,还能大大促进本提案的最大魅力——具有高计划自由度的"开放性美术馆"——的实现。

② 计划让坚固的收藏库区域成为抗震核心,分担上部构架的水平力

③ 在上层大跨距中合理架设桁架梁

④ 通过①+②+③的组合方式,可以实现符合开放性美术馆环境的无支柱空间

天窗板
外围墙距
无支柱空间

① 地下停车场同时也是免震层,通过使用柱头免震构造可以减少挖掘量

构造体的概念图

展示整体构架的构成

免震构造保护人、展示品、建筑物免受地震损害

美术馆是县民艺术文化创造的核心设施,它不仅要受县民喜爱、创造生机,也应该具备更高的防灾性能,因此我们建议,为了让美术馆在地震中保护好来馆者、收藏物、建筑本身,应该采用不仅能承受晃动、还能大幅度减少晃动的免震构造。

免震构造是在建筑物与地盘间建造加入"绝缘"材料的免震层,从而避免地震的横波直接影响建筑物,因此比起抗震构造更能减少构造体的体积。这样就能够实现轻型上部构架,还能大大促进本提案的最大魅力——具有高计划自由度的"开放性美术馆"——的实现。

③ 在上层大跨距中合理架设桁架梁

框架构造
宽向的抗震要素是采用框架构造,保证平衡的前提下搭建支柱房梁,确保灵活性。

抗震核心

抗震要素的平面布局图

支撑构造
长向的抗震要素是采用支撑构造,为减小扭转力的影响,将其设置在中央附近。

② 计划让坚固的收藏库区域成为抗震核心,分担上部构架的水平力

④ 通过①+②+③的组合方式,可以实现符合开放性美术馆环境的无支柱空间

外围墙距
减震材

无支柱空间

① 地下停车场同时也是免震层,通过使用柱头免震构造可以减少挖掘量

免震装置
(防火外涂)

构造体的概念图

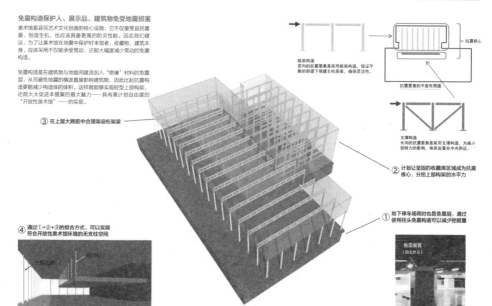

由大小不一的八面体构成的"体验自然展望台六甲垂枝"

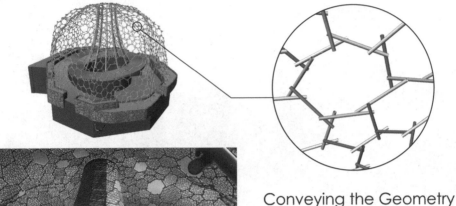

完成后的展望台
在竞赛中获选的三分一博志建筑设计事务所担任设计（照片：Sambuichi
Architects提供）。

Conveying the Geometry

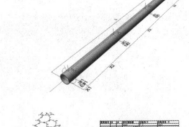

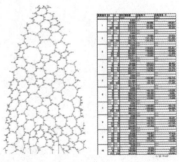

用材料列表展示构成
建筑物由直径约50 mm的不锈钢管错开接点所组成
的八角形构成。城所按照素材的不同制作了写有接
合方法的列表，并展示给施工者。

传达施工的难处

　　进入实施设计阶段，城所开始面向施工者制作资料。挑选出"施工者大概会感觉棘手的部分"，向他们传达其中的创意。他在大分县立美术馆项目中，准备了 3 层外围部分的投影图，里面由配合不同部位分别起不同作用的木材构成。

　　城所还会根据项目不同采用与一般细节图不一样的表现方式。在三分一博志建筑设计事务所设计的"体验自然展望台六甲垂枝"（2010 年，神户）项目中，他就使用构成建筑物的材料清单代替了单个细节图。

　　展望台呈半圆顶状，由不锈钢管错开接点组合而成的大小不一的八面体构成。城所按照不同种类的材料，分别制作焊接点、接合角度的列表，只通过列表就能正确组装出复杂的构架方便施工。

　　这个列表还有其他目的。城所说："接合点稍有偏差展望台就无法成立。向客户准确传达出施工的难处，好让他们选择具备精良技术的施工者也十分重要。"写满一排排数值的列表，包含了结构设计者的各种目的。

客观数据
诉说温馨话语

风格

太田站北口站前文化交流设施的研讨会

太田站北口站前文化交流设施第3次使用者研讨会时的情景。设计者将建筑计划中交错布局的阅览室和展览室做成了小箱型空间。参加者通过iPad上的简单app，确认了风向会根据5个箱型排列方式的不同产生什么样的变化。

"如何将光、热、风这种看不见摸不着的东西变得可视化，方便想象呢？"这是在奥雅纳担任高级环境设备工程师的荻原广高，做说明展示时十分注重的问题。

在追求精准的室内环境调控、彻底的节能化的现代建筑计划中，精密解析是不可或缺的。荻原不仅会展示计算的结果，还会用简易的道具和语言加深听者的理解。

利用iPad制造风向的真实感

2014年7月，在"太田站北口站前文化交流设施"设计过程中召开的研讨会中，荻原使用了iPad为参加者提供了思考风向的机会。

该设施计划于2016年开馆。在投标中获选的平田晃久建筑设计事务所担任设计，奥雅纳负责协助设计。平田晃久所提出的方案，是在不规则玻璃外墙内，错开配置图书馆阅览室、美术馆展示厅等的箱型空间。使用者进入不同功能的箱型空间的动线相互交错，可以获得不同的体验。

而连接外部环境的空气流动，也是设计的一个重要因素。

在面向市民的研讨会中，荻原首先说明了风向因素。他利用解析软件制作出图示，对吹入用地的风、建筑物内产生的空气流动等进行了说明。

在分组合作中，市民们使用了 1∶100 的立体模型对箱型空间的布局展开思考，然后通过 iPad 上的 App 确认风向会随着布局产生怎样的变化，这样他们便能实际感受到根据布局不同，空气时而平稳流动，风力时而变强等变化。这样一来，普通人也可以理解风向变化了。此外，这次研讨会还有另外一个想要传达的信息。

暂时忽略担心的要素

位于关东平原北端的太田市，内陆气候十分明显。所以有些人对积极利用光和风等外部环境的设计方案表示出了消极态度。荻原借用太田市的气候数据，力图消除这些先入为主的观念。

太田市夏季气温最高达 40℃；冬季低至 -5℃，温差达到了 45℃。但是一年内有 1/4 的时间是 15℃ ~ 26℃ 的舒适季节。虽然冬季有接近 10m/s 的强风，但春季到秋季的风却十分平稳。

荻原通过展示这些客观的数据，指出在冷热温差大的背后，中间还有容易被人忽略的舒适期。"很多情况下，使用者会只关注冷热等因素，而没能注意其他好的地方。这时我就会让使用者先忽略那些担心，用更加开放的视野来观察设计整体。世界不存在完美的环境，重要的不是完全消除缺点，而是要有引出优点的头脑。"

例如，上午受到光线照射的空间或许会有些热，但因为能给人带来开放感和愉悦感，所以非常适合与朋友畅谈。相对的，光线较暗的场所适合集中注意力，只要脚部暖和了，也可以长时间使用。荻原会有意识地"向使用者提示使用方法，帮助他们发现空间的优点。"

包含风向设计的
"太田站北口站前文化交流设施"

在玻璃内部分散布置箱型空间

建筑物由在公开募集型设计投标中获选的平田晃久建筑设计事务所担任设计（透视图：平田晃久建筑设计事务所提供）

在第3次研讨会中，解说箱型布局和风向的荻原。

将风的流动可视化

什么风吹过来?

什么风吹过去?

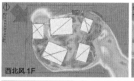

在研讨会开始讨论之前,荻原用精密的解析软件对模拟风向进行了说明。根据吹入计划用地的风向(左),用不同的颜色表现出了建筑物内空气的流动和强度。

用定量数据解除消极印象

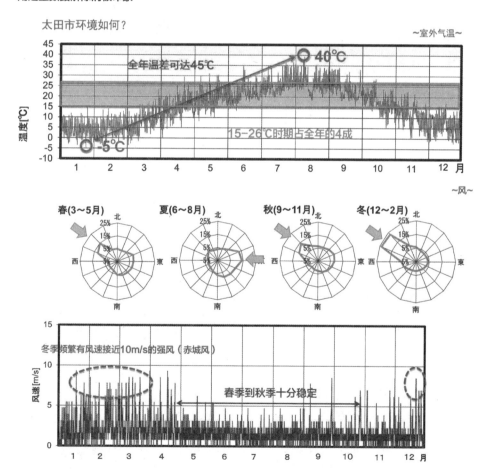

太田市的温度与风的数据。虽然使用者对该地区有着"风力强,温差大"的印象,但荻原利用客观的数据,对太田市固定的温和宜居时期进行了解读。

利用外光与风的"芝浦港区公园"的中庭

环境计划概念

中间期 — 夏季

能适当遮蔽直射光，如同凉风吹拂下的树荫一般开放且凉爽的空间。

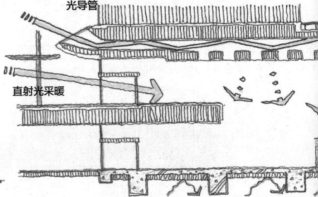

光导管

遮蔽日晒

平衡式换气扇

芝浦运河经过于此
带来凉爽的盛行风

冬季

高绝热的外层能遮挡室外空气，如同被温暖阳光环绕的日光室般的空间。

光导管

直射光采暖

手绘光线与空气的流动,增添亲近感

这是表现"芝浦港区公园"空气环境的中庭剖面图。图中简洁地介绍了不使用空调,依靠采光和喷雾等方法实现全年环境舒适稳定的技术。指示日照和空气流动的箭头、太阳与树木的图案等,都为晦涩的空调技术带来了亲近感。

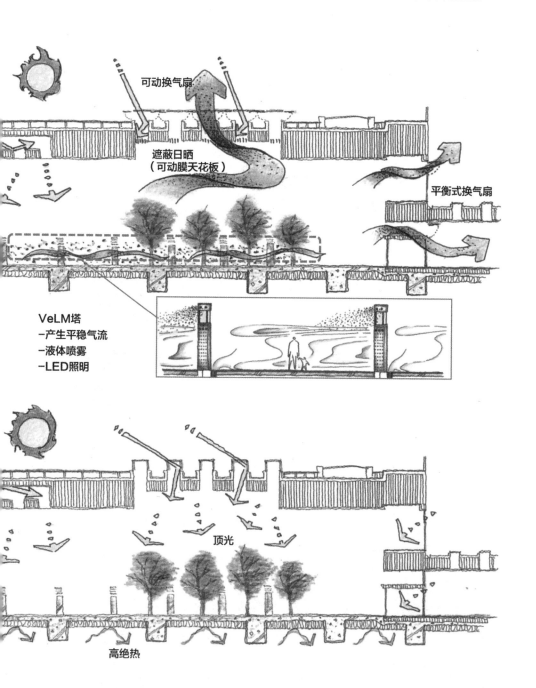

可动换气扇

遮蔽日晒
（可动膜天花板）

平衡式换气扇

VeLM塔
－产生平稳气流
－液体喷雾
－LED照明

顶光

高绝热

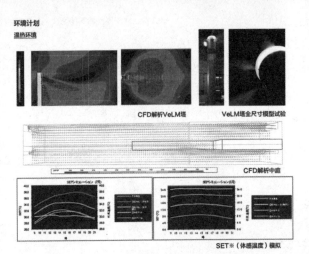

CFD解析VeLM塔　　　VeLM塔全尺寸模型试验

CFD解析中庭

SET※（体感温度）模拟

光环境

缜密检验空气与光线

门廊中，集通风与液体喷雾功能为一体的VeLM塔和大规模的光导管相组合，主要借用自然力调整室内环境。获原利用高级计算机解析与实物大模型实验不断反馈，不断积累能够让客户认可的信息。

解析自然光

光导管全尺寸模型试验

亲自动手确认流程

　　获原喜欢使用可以给人带来亲近感的手绘图。2014年12月竣工的位于京都港区的公共复合设施"芝浦港区公园"项目中的剖面图就是其中一例。

　　细长的门廊贯穿整个建筑，形成了一个积极导入外部光线和风的低碳空间。获原在初期方案说明阶段向客户提供的手绘剖面图中，用柔软的线条表现了建筑技术和空间效果。图中除了有将直射阳光传输进室内的光导管、换气扇产生的空气流动、产生气流和人工雾的塔之外，还有植被与父母带着孩子来游玩的画面。这些剖面图可以让客户一眼就感受到室内的环境，与讨论细节时制作的模拟图形成鲜明对比。

　　获原甚至会将CAD图纸作为草稿制作手绘图，他对手绘就是如此讲究。"因为手绘图比较容易画出强弱表现，能够确切传达出我们想表达的内容。亲自动手，可以让我确认建筑物内的水的流动等实际状态。"

　　获原使用的语言既具体又容易想象。在这份简单的背后，是他将数据转换为现象和人类动态的心血。

利用自然力的门廊

建设在东京都港区的复合公共设施。由NTT设备担任。伫立于门廊地面的银色圆柱，就是能产生气流和人造雾的VeLM塔（照片：本书编委会提供）。

青木茂
青木茂建筑工房

事例学习

千驮谷绿苑住宅：

通过先行提案消除经营方不安

风格

整理列表明确选项

· 利用等角投影图，将复杂方案简单化

· 挑选要点

· 第三方资料是定心丸

青木茂：1948 年出生于日本大分县。1971 年毕业于日本近畿大学九州工科部建筑
专业。1977 年成立青木建筑设计事务所（1990 年改组为青木建筑工房）。投身于
靠转换创意、更改用途、抗震化、翻新设备等工程重建建筑的"再生建筑"项目中。
2011 年起担任中国大连理工大学客座教授。

千驮谷绿苑住宅：
通过先行提案消除经营方不安

事例
学习

1.
存在不合格的建筑

有很多经营方想充分利用老旧的建筑却因为各种问题而止步不前。开启"再生建筑"项目的青木茂建筑公司的青木茂先生，从正面解决这些难题，至今已成功改造 70 个项目。打动客户的秘诀，就是对法规、结构和经济方面的课题进行"彻底讨论"。

青木说："我们需要注意的是要在什么程度上消除业主的不安。重要的是做好提前准备。"2014 年 3 月完成的"千驮谷绿苑住宅"（东京都涩谷区）中，他就用准备充足的说明展示与业主获得共鸣。

准备融资计划

这个集合住宅最大的特征，就是由出租变为分开出售。这对青木来说也是挑战。旧建筑于 1970 年竣工，是一所地上 7 层的住宅楼，有 13 户租户。房地产开发商 HACHI HOUSE（东京都涩谷区）从原所有者手中获得了土地和建筑的所有权，在增强抗震和间隔等方面重新施工后，分开出售了该公寓。

2.
减轻建筑分量

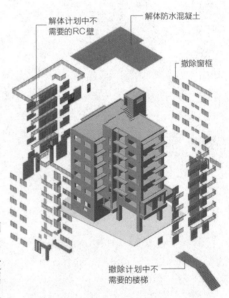

解体计划中不需要的RC壁

解体防水混凝土

撤除窗框

撤除计划中不需要的楼梯

青木氏以分售公寓的形式，再现了建于1970年的钢筋混凝土造的出租公寓。

1.原建筑是建成44年的7层建筑。未满足现在的抗震标准。

2.实施建筑轻量化。撤掉结构及计划上不需要的钢筋混凝土。

3.增设面向共用走廊的墙壁，以增添混凝土为中心实施增强耐震度措施。为确保住户内空间的品质，舍去了支架增强法。

4.替换外部装潢。为保护原建筑主体，屋顶采用了沥青防水。此外外部装潢素材方面，为防止水泥中性化，选择了瓷砖或石材进行铺设。

5.建筑含13户分售住户在内，共计17户

（资料：到196页为此除特别标记外均由青木茂建筑工房提供）

3.
完善抗震

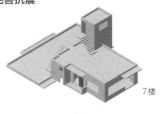

7楼

封闭开口 ─┘   6楼

5楼

增设壁 ─┘   4楼

3楼

辅助薄壁 ─┘   2楼

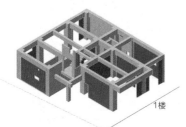

1楼

4.
外装的更新

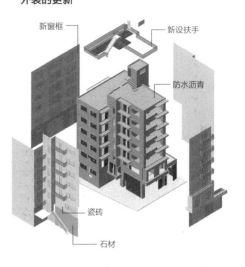

新窗框   新设扶手

防水沥青

瓷砖

石材

5.
完成

千驮谷绿苑住宅

所在地：	东京都涉谷区千驮谷5-1-9
主要用途：	共同住宅（分开出售），事务所
地域、地区：	第二种居住地域，第一种文教地区
建蔽率：	55.61%（容许60%）
容积率：	263.42%（容许257.6%，
	建筑存在不合格。竣工时制定容积率为300%）
基地道路：	北6.44 m
停车数：	0辆
用地面积：	338.95 m²
展开面积：	原建筑物1010.08 m²，施工后1008.03 m²
	（其中不计算入容积率的部分为115.142 m²）
结构：	混凝土造
层数：	地上7层
客户：	HACHI HOUSE
设计、监督管理者：	青木茂建筑工房
设计合作者：	金箱结构设计事务所（结构）
	日本设备工业（设备）
	天狼星照明事务所（照明）
运营者（公寓管理者）：	MC服务公司
设计时间：	2012年11月—2013年5月
施工时间：	2013年6月—2014年3月
投入使用日：	2014年4月3日
总户数：	17户（其中分开出售户13户）

一边考虑分开出售一边推动项目

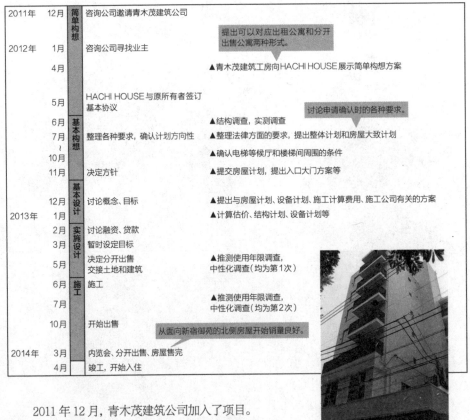

2011年	12月	简单构想	咨询公司邀请青木茂建筑公司	提出可以对应出租公寓和分开出售公寓两种形式。
2012年	1月		咨询公司寻找业主	
	4月			▲青木茂建筑工房向HACHI HOUSE展示简单构想方案
	5月	基本构想	HACHI HOUSE 与原所有者签订基本协议	
	6月			▲结构调查, 实测调查　讨论申请确认时的各种要求。
	7月～10月		整理各种要求, 确认计划方向性	▲整理法律方面的要求, 提出整体计划和房屋大致计划
				▲确认电梯等候厅和楼梯间周围的条件
	11月		决定方针	▲提交房屋计划, 提出入口大门方案等
	12月	基本设计	讨论概念、目标	▲提出与房屋计划、设备计划、施工计算费用、施工公司有关的方案
2013年	1月			▲计算估价、结构计划、设备计划等
	2月	实施设计	讨论融资、贷款	
	3月		暂时设定目标	
	5月		决定分开出售交接土地和建筑	▲推测使用年限调查, 中性化调查(均为第1次)
	6月	施工	施工	
	7月			▲推测使用年限调查, 中性化调查(均为第2次)
	10月		开始出售	从面向新宿御苑的北侧房屋开始销量良好。
2014年	3月		内览会、分开出售、房屋售完	
	4月		竣工, 开始入住	

2011 年 12 月, 青木茂建筑公司加入了项目。原所有者通过咨询公司邀请到了青木氏。在征集土地、建筑购买者的时候, 他制作了一份方便判断收支的基本方案。

青木确认了原建筑物竣工时已获得检查证明后, 在改建和活用已有建筑两个方向上讨论了项目的大致轮廓。鉴于改建有可能减少建筑物可实现的容积率, 他以活用已有建筑为前提, 提出了施工费估价、预定日程表等。

另一个推动项目进行的关键, 在于融资的提案。在青木建筑公司担任设计的东京事务所所长奥村诚指出:"即使是按税法计算使用年限所剩不多的建筑物, 通过提高经济价值的改建来帮助业主获得融资的计划, 是不可或缺的。"

青木茂建筑公司以往就有过和银行交涉, 并制作帮助业主获得融资方案的经验。他们曾经通过确保抗震性取得第三方机关的认证, 以及获得第三方关于建筑物使用年限的意见, 于 2012 年

7 月与理索纳银行达成过业务合作。这次项目青木也按照上述方法促成了业主获得银行的融资, 并帮助购买住房者办理了贷款。

HACHI HOUSE刚加入计划时, 还没有决定是采用租赁方式还是分开出售的方式。所以青木就制定了也能够对应分售方式的计划。计划初期也一并讨论了接受建筑确认的案例。照片是完成后的北侧外观(资料: 根据采访制作; 照片: 本书编委会提供)。

确认体积，讨论事业性

通过缓和条件（日本建筑基准法第86条第7项）使不合格建筑可持续存在

1.高度地区限制（涩谷区指定）

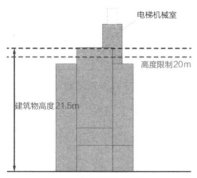

电梯机械室

高度限制20m

建筑物高度21.5m

效果图比例：1/300

【结果】

→该建筑物高度在规定之下，所以为"存在不合格"。

可以维持新建筑不能确保的高度

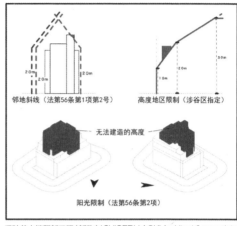

其他可维持的高度（No Scale）

邻地斜线（法第56条第1项第2号）　高度地区限制（涉谷区指定）

无法建造的高度

阳光限制（法第56条第2项）

千驮谷大楼翻新工程（暂称）/ SHIGERU AOKI Architect & associates

展示活用"原建筑"的可能性

调查高度限制和阳光限制，确认了活用原建筑比改修城内建筑更能确保建筑体积。工房计算出了原建筑与翻新后各层楼的面积，展示了作为事业的可成立性。

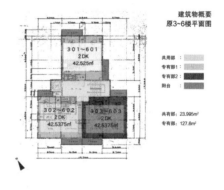

建筑物概要
原3~6楼平面图

301~601
2DK
42.525㎡

302~602
2DK
42.5375㎡

303~603
2DK
42.5375㎡

共用部：
专有部1：
专有部2：
阳台：

共有部：23.995m²
专有部：127.6m²

房屋表

EV机械室 8.375㎡		
701 2DK 42.525㎡		
601 2DK 42.525㎡	602 2DK 42.5375㎡	603 2DK 42.5375㎡
501 2DK 42.525㎡	502 2DK 42.5375㎡	503 2DK 42.5375㎡
401 2DK 42.525㎡	402 2DK 42.5375㎡	403 2DK 42.5375㎡
301 2DK 42.525㎡	302 2DK 42.5375㎡	303 2DK 42.5375㎡
接待室·社长室 45.28㎡	1DK·资料室 35.055㎡	研究室·更衣室 35.055㎡
基柱 86.00㎡	仓库 86.31㎡	

共用部：189.455㎡
专有部：840.625㎡

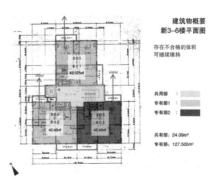

建筑物概要
新3-6楼平面图

存在不合格的体积
可继续维持

301
601
42.52㎡

302
602
42.49㎡

303
603
42.49㎡

view
view

共用部：
专有部1：
专有部2：

共有部：24.09㎡
专有部：127.505㎡

房屋表
A方案

EV机械室 ㎡		
701 2DK 42.525㎡		
601 2DK 42.53㎡	602 2DK 42.49㎡	603 2DK 42.49㎡
501 2DK 42.53㎡	502 2DK 42.49㎡	503 2DK 42.49㎡
401 2DK 42.53㎡	402 2DK 42.49㎡	403 2DK 42.49㎡
301 2DK 42.53㎡	302 2DK 42.49㎡	303 2DK 42.49㎡
201 46.18㎡	202 3.848㎡	203 47.83㎡

共用部：120.89㎡
专有部：854.455㎡

承租店铺
169.42㎡

围绕要求、疑问的讨论 — 各方案比较讨论表

楼层	要求、讨论项目等	方案A	方案B-3	方案C-2	方案D-2	方案E
1F	①希望店铺东侧的墙壁能有光照入	如果避开店铺东侧外侧新建的室内避难台阶，是可以采光的 ○	可以为店铺东侧外侧的室外避难楼梯1m之内，安装钢丝玻璃的固定窗。 ×	如果避开店铺东侧外侧新建的室内避难台阶，是可以采光的 ○	可以采光。 ○	—
	②希望在店内西侧设置夹层楼面，用作仓库。希望有台阶，三分之一左右	可以。但是不能建台阶。如果是不固定梯子的话可以。 △	可以。但是不能建台阶。如果是不固定梯子的话可以。 △	可以。但是不能建台阶。如果是不固定梯子没问题。 ○	可以。但是不能建台阶。如果是不固定梯子的话可以。 △	—
	③希望客厅部分和玄关一样宽敞。如果可以的话最好不要有阶梯	虽然取决于抗震加固，但能够调整客厅的面积。 ○	可以。虽然取决于抗震加固，但能够调整客厅的面积。 ○	可以。虽然取决于抗震加固，但能够调整客厅的面积。 ○	因为设有室外避难楼梯，所以客厅会窄90cm左右，但能够建造宽敞的入口空间。 ○	—
	④自行车停车场设在南侧的庭院内，请确保能停靠10辆车	可以。 ○	可以。 ○	可以。 ○	可以。 ○	—
2F	⑤从1楼外面连接过来的楼梯也可以（这样1楼的店铺是不是就无法受到东侧光照了？）	如果避开店铺东侧外侧新建的室内避难台阶，是可以采光的。 ○	可以为店铺东侧外侧的室外避难楼梯1m之内，安装钢丝玻璃的固定窗。 ×	如果避开店铺东侧外侧新建的室内避难台阶，是可以采光的。 △	可以采光。 ○	—
3,4F	⑥希望北侧房屋的东侧窗户能全部保留	可以。 ○	可以为店铺东侧外侧的室外避难楼梯1m之内，安装钢丝玻璃的固定窗。 ×	可以。 ○	可以。 ○	—
	⑦现在楼梯东侧的阳台不能对应火灾时的法律规制吗？	—	—	—	—	×
	⑧请确保电梯厅有两间房的宽敞度	面积：7.385m² 深度：1708mm ×	面积：15.78m² 深度：5970mm ○	面积：11.29m² 深度：4350mm △	面积：9.82m² 深度：1921mm △	—
5,6F	⑨南侧的房屋安排一间房屋也可以	可以。 ○	可以。 ○	可以。 ○	可以。 ○	—
7F	⑩希望北侧房屋面积能多向南侧延伸	如果6F或7F设计成跃廊式的话就可以。 ○	可以。 ○	如果6F或7F设计成跃廊式的话就可以。 ○	如果6F或7F设计成跃廊式的话就可以。 ○	—
	⑪希望将现在晒衣物的部分改成大家都可以使用的庭院	可以。 ○	可以。 ○	可以。 ○	可以。 ○	—
8F	⑫8层的庭院能不能用作高尔夫球场	虽然可以，但也要看建什么样的高尔夫球场。 ○	虽然可以，但也要看建什么样的高尔夫球场。 ○	虽然可以，但也要看建什么样的高尔夫球场。 ○	虽然可以，但也要看建什么样的高尔夫球场。 ○	—
其他	⑬希望制作北侧房屋的图示（包括左右反转的布局）	大致计划可以。 ○	因为不能确保东侧开口部，所以很难提供计划。 ○	大致计划可以。 ○	大致计划可以。 ○	—
	⑭希望讨论一下将整间屋用作办公室是否可行	讨论中	讨论中	讨论中	讨论中	—
	法律上的难易度	1楼必须新建一部分。符合汇总审查基准。必须获得建筑审查会的同意。 中	需要新建室外避难楼梯。不符合汇总审查基准。必须获得建筑审查会的同意。 高	需要新建室外避难楼梯。不符合汇总审查基准。必须获得建筑审查会的同意。 高	1F无需新建→不需要建筑审查会的同意。 低 / 1F需要新建→符合汇总审查基准。必须获得建筑审查会的同意。 中	—

3楼平面图 1:250

这样的方案获得了业主的认可。HACHI HOUSE 的青木步实社长回忆说："对我们来讲，购买住房者能否办理贷款是问题。在这一点上，设计者预先对金融机构做工作，是推动购房者做出决定的重要原因。"

1900处修补记录

HACHI HOUSE 成为业主后，各方开始了细节上的讨论。

HACHI HOUSE 最终选择在不需建筑确认的范围内推进计划的方法。但是青木茂当时也设计了假设申请建筑确认的方案。

提高不动产价值，房间销售一空

翻新后的平面图。住宅以共用走廊周围为中心加固了墙面，提高了抗震性能。原建筑中横纵向的配管贯穿各个房屋，翻新时将配备整理为专有部分和共有部分，更加便于管理。同时工房还尽量提供了厚120mm的地板隔声效果。建筑物性能得到综合提升，最终13间房得以在竣工前全部出售。

各方案概要

方案A 变更为特别避难楼梯＋安装机械排烟设备

利用原有的室内阶梯，配以附加室使其成为特别避难阶梯。附加室必须有2㎡以上的通气道，屋顶必须有机械排烟设备。

方案B-3 新建室外避难楼梯

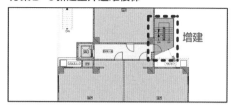

拆除原有的室内阶梯，安装地板，搭建室外避难阶梯。南侧因为有两间房屋，所以需要在避难方面能发挥作用的阳台。

方案C-2 新建室内避难楼梯

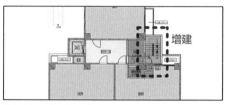

拆除原有的室内阶梯，安装地板，增建通到6楼的室内避难阶梯。6、7楼房屋必须是跃廊式布局。与方案A相同，需要搭建附加室和排烟设备。

方案D-2 新建附带阳台的特别避难楼梯

介于阳台之间的特别避难楼梯。共用部的北侧设置通到6楼的室内避难楼梯，南侧安排两家住户。6、7楼必须是跃廊式布局。

提出多个方案以消除不安

工房针对客户的要求和疑问，对比了多个方案的优缺点，消除客户的不安，使他们能够做准确的判断。工房还讨论了和电梯一体化的楼梯室的周围设计，包括有新建部分的方案B-3和需要获得行政许可的方案C-2。业主因为想要确保电梯周围的宽敞度，最终选择了在不需要建筑确认的范围内能够实行的计划。

以融资为前提准备大量资料

委托第三方制作的"耐用年数推算调查""中性化等调查"的报告书（上），以及记录了所有修补处的"家历书"。通过这些资料工房确定了建筑今后的耐用年数为50年，除了帮企业家拿到融资外，还帮助购房者获得了FLAT 35的融资。

金属板方案

2012年2月基本设计阶段画的1楼共用入口处的透视图。除了金属板方案，还提出了不锈钢镜面方案和绿化方案的透视图。

　　例如楼梯间必须设置紧急避难楼梯等设施。这种情况下，设计应该选择什么样的解决方法。青木在应对 HACHI HOUSE 对舒适度和大厅宽敞度要求的同时，对业主能够接受的多种方法进行了比较。

　　制定方案的过程中，详细的记录让 HACHI HOUSE 很吃惊。青木茂建筑公司不仅细致记录了商讨会过程，甚至还记录了施工中需要修补的 1900 个地方，制作成了一本"书"。这和委托给第三方的"耐用年限推测调查"文件一同，成了业主接受融资的条件。

　　HACHI HOUSE 还十分重视"分开出售应具有的质量"。例如为了活用公寓北侧邻接的新宿御苑的景观，业主希望扩大窗户面积。为满足这一要求，青木以"提高与加固结构相关的附加价值"为目标，围绕公用部分实现了配有耐力墙的大开口。

　　预先做好准备，消除业主的不安，结合结构使设计焕然一新。这种以周密准备为前提的大胆设计，就是青木茂建筑公司获得项目的秘诀。

客户的看法

青木步实
（HACHI HOUSE 社长）

提高不动产价值的方案

以往阻碍计划进展的，都是相关部门不承认旧建筑的资产价值，即使改成分开出售，业主或购买者也很难获得融资。但是，如果能整体重新改造出一个具有价值的分售不动产，应该就能改善公寓的库存问题了。为此长时间接触公寓开发的总公司会长（其父冈本军八）才会如此重视销售。分售化虽然会伴有出售方面的风险，但作为业务来讲有利于脱手。我们在设计者的提案中看到了提高不动产价值的观点，于是便判断这个方案可行。（对谈）

提出提高附加价值的方案

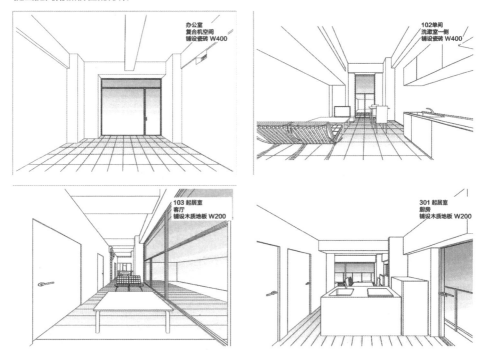

提出了像地板铺满瓷砖、与室外阳台一体化1楼房屋等，符合分售公寓氛围的设计方案。

借景绿色的北侧房屋大开口

扩大面朝新宿御苑的北侧房屋的开口部，充分利用了借景的绿色景观。分开出售时北侧的房屋十分抢手（照片：上田宏提供）。

整理列表明确选项

风格

利用等角投影图，将复杂方案简单化

　　"说明不充分，是事后引发各种问题的主要原因。关键是不能打马虎眼，准确表达出项目的风险，以免对方抱怨'你怎么不早说'。"这是青木在向业主展示时注意的事项。

　　青木茂建筑公司所宣传的"再生建筑"，不仅仅是更新内外装修和设备机器，还会变更用途、确保当下水准的抗震性，以及使建筑符合现行法规要求等。他们的目的是确保改造房屋与新建房屋有同等性能，并且具备长期价值。

　　在说明展示中，如何简单地传达出比新建房屋还要复杂的改建计划是十分重要的。在这之中，等角投影的图表，如今已成为再生建筑的标志。他们不断地重复试验，最终决定了这种展示方法。

　　下面以 2014 年 3 月开馆的户畑图书馆（北九州市）为例。户畑图书馆保留了 1933 年按照帝冠样式建成的旧区政府的外观，在此基础上进行了减改和增强。

　　图表中，按照施工类别不同，分成了（1）通过拆除增加部分进行减少改造；（2）对原建筑的一部分进行拆除和修补；（3）增强抗震；（4）对外部进行安装顶光和铝窗等设备的新装修，共 4 类。拆除部分统一用绿色，增强和新添部分统一用红色。

　　青木茂建筑公司在基本构想阶段，向业主展示了这样的图表。"在上一阶段的简单构想中，先从法律方面大致把握设计的方向性。然后在基本构想中，加上法规规定的和抗震性等要素，讨论融资的可能性。"这时，图表就是方便业主理解的工具。

　　但是这也只能说明建筑方面的问题。"不在说明中解释方案可行性，客户就无法决定是否实施计划。如果客户是个人的话，我们会在基本构想阶段附上简单的收支计算表。"

　　青木茂建筑公司从开始到简单构想阶段都不收取任何费用。而需要做结构调查的基本构想阶段，除了调查费外，只会收取 200 万日元的策划费。

户畑图书馆的"翻新建筑"流程

（1）通过减少一部分来恢复当初的建筑样貌

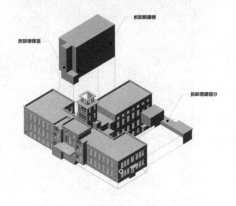

将北九州的旧户畑区政府改造为图书馆。保留了有 80 年历史的当地象征性建筑的外观，以钢架为主对内部进行了加固。

（2）拆除实现轻量化，加固主体，中性化对策

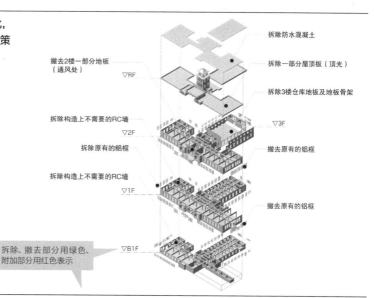

撤去2楼一部分地板（通风处）

拆除防水混凝土

拆除一部分屋顶板（顶光）

拆除3楼仓库地板及地板骨架

▽RF

拆除构造上不需要的RC墙

▽2F

▽3F

拆除原有的铝框

撤去原有的铝框

拆除构造上不需要的RC墙

▽1F

撤去原有的铝框

拆除、撤去部分用绿色、附加部分用红色表示

▽B1F

（3）抗震加固

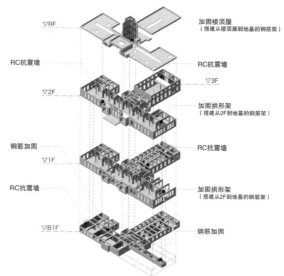

▽RF

加固楼顶屋（搭建从楼顶屋到地基的钢筋架）

RC抗震墙

RC抗震墙

▽2F

▽3F

加固拱形架（搭建从2F到地基的钢筋架）

钢筋加固

RC抗震墙

▽1F

RC抗震墙

加固拱形架（搭建从2F到地基的钢筋架）

▽B1F

钢筋加固

（4）新外装

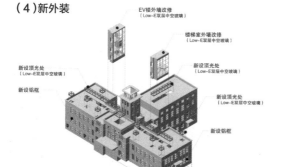

EV楼外墙改修（Low-E双层中空玻璃）

楼梯室外墙改修（Low-E双层中空玻璃）

新设顶光处（Low-E双层中空玻璃）

新设顶光处（Low-E双层中空玻璃）

新设铝框

新设顶光处（Low-E双层中空玻璃）

新设铝框

（5）翻新结束

挑选要点

为了让业主做出决定，必须简单说明相关法规。

日本建筑基本法中的用语和文字原本就非常晦涩。再加上再生建筑项目中，设计方必须经常与行政方面针对法规的解释进行谈判，或者讨论如何向建筑审查会提交申请，这些使得要向业主说明的内容变得更加复杂。在这种情况下，青木茂制作了能够简单解说相关法规的文件。右页是将出租公寓改造为分售公寓的"千驮谷绿苑住宅"计划文件的一部分。纸上展示了在与电梯间一体化的楼梯间周边处理方法上，法律方面的根据。

看到解说纸后，我们注意到了几点。

首先，一张纸上不陈列过多要点。每张纸说明的内容都不同，一张纸就只集中一个主题，所要传达的要点在开头用粗体字标出。在用简单易懂的方式写下建筑基准法内容的同时，为了方便业主理解方案在法律上的定位，原封不动地使用"两个以上的直通楼梯""室外避难楼梯"等。这些努力让客户从开头的粗体字开始按顺序读下来就可以掌握整个流程。灵活运用箭头确保空白部分充足的方法，也容易给人留下深刻印象。

该解说纸在展示了 3 个选项后，推荐了"室外避难阶梯 + 阳台"的方案 B。通过这些标示，方案所面临的问题、需要业主做出判断的事项就都一目了然了。

此外，解说纸的上半部分和下半部分，都重复出现了与直通楼梯的设置相关的内容。青木的解释是："重点必须不厌其烦地重复强调。设计者千万不能有'只要在其他地方说明，业主也能明白'这种想法。"

第三方资料是定心丸

虽然这些资料乍看之下有些普通，但支撑着青木茂建筑公司推进项目的正是第三方提供的数据。有行政方印章的确认通知书和检查结束证，以及第三方提供的抗震性和持久性调查报告书。加上记录施工修补部分的"书"，这些构成了再生建筑的必备资料。

这些资料的目的之一，就是消除业主的不安。青木茂建筑公司的奥村诚一说："特别是改建的时候，有很多业主会担心我们的施工是不是恰当。为此我们尽量详细地展示出包括会议记录在内的内容，与业主共享信息。"

用"一张纸、一个主题"简要说明

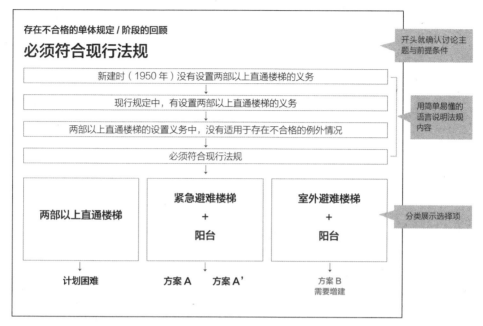

存在不合格的单体规定 / 阶段的回顾

必须符合现行法规

开头就确认讨论主题与前提条件

新建时（1950 年）没有设置两部以上直通楼梯的义务

现行规定中，有设置两部以上直通楼梯的义务

两部以上直通楼梯的设置义务中，没有适用于存在不合格的例外情况

必须符合现行法规

用简单易懂的语言说明法规内容

| 两部以上直通楼梯 | 紧急避难楼梯 + 阳台 | 室外避难楼梯 + 阳台 |

分类展示选择项

计划困难　　方案 A　方案 A'　　方案 B 需要增建

"千驮谷绿苑住宅"计划中，讨论避难楼梯周边设置的解说纸。开头明确标出"必须符合现行法规"这一要点，然后按照顺序简单解说建筑基准法的复杂内容。

结论写在开头，反复强调要点

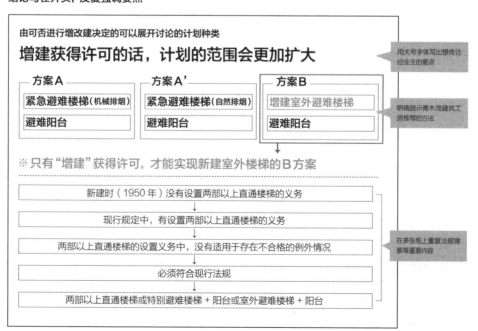

由可否进行增改建决定的可以展开讨论的计划种类

增建获得许可的话，计划的范围会更加扩大

用大号字体写出想传达给业主的要点

方案 A
紧急避难楼梯（机械排烟）
避难阳台

方案 A'
紧急避难楼梯（自然排烟）
避难阳台

方案 B
增建室外避难楼梯
避难阳台

明确提示青木茂建筑工房推荐的方法

※ 只有"增建"获得许可，才能实现新建室外楼梯的 B 方案

新建时（1950 年）没有设置两部以上直通楼梯的义务

现行规定中，有设置两部以上直通楼梯的义务

两部以上直通楼梯的设置义务中，没有适用于存在不合格的例外情况

必须符合现行法规

两部以上直通楼梯或特别避难楼梯 + 阳台或室外避难楼梯 + 阳台

在多张纸上重复法规背景等重要内容

接续上面的解说纸。说明的内容是，因建筑存在不合格的地方不能直接增建，但只要获得行政许可就可以扩大计划范围。

为获得融资准备大量的资料

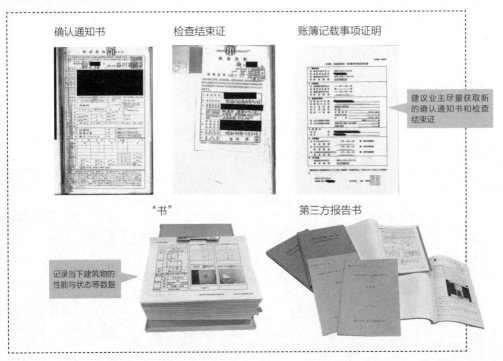

确认通知书　　　　检查结束证　　　　账簿记载事项证明

建议业主尽量获取新的确认通知书和检查结束证

"书"　　　　第三方报告书

记录当下建筑物的性能与状态等数据

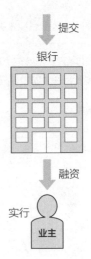

提交

银行

融资

实行

业主

　　另一个目的是，通过这些数据帮助业主获得金融机构的融资。2012 年 7 月，青木茂建筑公司与理索纳银行建立合作关系。此后，只要满足拥有第三方对抗震性和使用年限的认定、确认结束证明、检查结束证明等条件的话，即使是建筑年数久的建筑物业主也可以获得融资。至今，青木茂建筑公司已成功在 6 个项目中帮助业主获得了银行的融资。

　　面对什么样的人准备什么样的数据，这是青木茂建筑公司宝贵的秘诀。

　　青木回忆说"在与行政方进行调整的过程中，我们知道了哪些资料是必需的。和理索纳银行合作时，为了推测使用年限而做的混凝土中性化调查中，就要求有十分详细的数据。"压缩强度调查中，一般 1 层楼只需在 3 处开洞，而中性化调查中，根据要求需要在 20 多处地方开洞。

　　这些调查和数据，不仅延续了建筑物的价值，还促进了业主的利益。

为了帮助业主获得融资，青木茂建筑工房准备了详细的记录和第三方提供的报告书。如果手头没有靠原建筑获得的建筑通知书和检查结束证明，他们会通过确认账簿记载事项证明等方法来确保上述文件是否已发行。除了制作记录施工中修补的全部部位的家历书以外，还会委托第三方机构制作使用年限推测调查及中性化调查的报告书。

克莱因·戴瑟姆建筑事务所
阿斯特里德·克莱因、马克·戴瑟姆

事例学习

湘南 T-SITE：
与客户共享体验是创新的动力

风格
通过亲自实践获得"认同"的方法

·语言要简单

·在事务所内设置确认工具

·用心动体验提高士气

阿斯特里德·克莱因、马克·戴瑟姆：1988 年去日本。在伊东丰雄建筑设计事务所
工作了一段时间后，于 1991 年成立克莱因·戴瑟姆建筑事务所。曾担任的设计有"树
叶教堂"（2004 年）、"代官山 T-SITE"（2011 年）、"熊本南警察署熊本站派出所"
（2011 年）、"谷歌东京事务所"（2012 年）等。现在正在开展每次用 20 秒介绍 20
张幻灯片的说明活动"PechaKucha Night"。

湘南 T-SITE：
与客户共享体验是创新的动力

事例
学习

2013年11月，实施设计阶段中提出的阅览区CG图。在使用1:20的模型展开讨论前，KDa用CG表现出了大容积和空间之间的联系（照片、资料：除特别标记外，至210页为止均由克莱因戴瑟姆建筑事务所提供）。

阿斯特里德·克莱因和马克·戴瑟姆共同经营克莱因戴瑟姆建筑事务所（KDa，东京涩谷区）。他们用充满创新的设计给客户带来惊喜，而展示中却给人一种踏实的印象。他们重视的是"避免抽象表现，以双方能互相理解为基础进行说明"。在 2014 年 12 月的神奈川县藤泽市的复合商业设施"湘南 T-SITE"项目中，就可以看到他们的这种态度。

目标是舒适的"第三场所"

湘南 T-SITE 是 CCC 集团运营的 T-SITE 系列的第二个项目。KDa 在 2011 年末开业的代官山 T-SITE（东京都涩谷区）之后继续担任设计工作。制作计划时，KDa 通过代官山 T-SITE 项目经验和此次参观建筑现场，与客户有了共同的体验，双方以此为基础交换意见。

湘南 T-SITE

所在地：	神奈川县藤泽市
主要用途：	店铺、事务所
地域、地区：	第一种居住地域， 一部分准居住地域，准防火地域
用地面积：	7694.86 m²（1、2号馆）， 6453.14 m²（3号馆）
建筑面积：	3516.74 m²（1、2号馆）， 1054.89 m²（3号馆）
展开面积：	5921.12 m²（1、2号馆）， 1485.11 m²（3号馆）
结构：	钢造
层数：	地上2层
客户：	SO-TWO
综合设计指导：	克莱因戴瑟姆建筑事务所
设计：	日本设计，克莱因戴瑟姆建筑事务所
施工者：	安藤间
运营者：	CCC集团
设计时间：	2013年1月 — 2014年11月
施工时间：	2014年2月 — 11月
开业日：	2014年12月12日

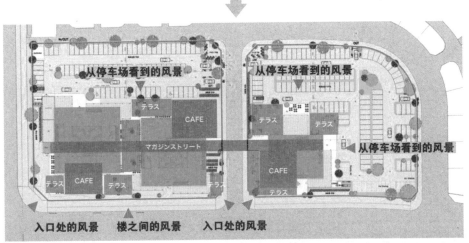

从停车场看到的风景　　　　　从停车场看到的风景

テラス

CAFE

マガジンストリート

従停车场看到的风景

テラス　　テラス

CAFE

テラス　CAFE　テラス　　テラス

CAFE

テラス

入口处的风景　　楼之间的风景　　入口处的风景

正立面从T字形变成门形

计划过程中，二人对布局的想法产生了改变。最初的方案是在环绕式杂志区的周围安排店铺，建造3栋T字形外观的大楼。之后变成了直线形杂志区3栋大楼的布局（中）。杂志区的轴线连接了大楼的门形正立面（照片：至202页为止由安川千秋提供）

从项目提案到内部装修全部亲自上阵

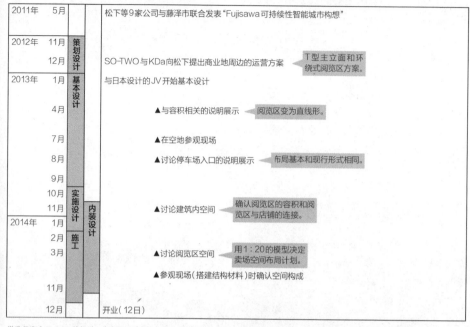

2011年	5月			松下等9家公司与藤泽市联合发表"Fujisawa可持续性智能城市构想"
2012年	11月	策划设计		
	12月			SO-TWO与KDa向松下提出商业地周边的运营方案 — T型主立面和环绕式阅览区方案。
2013年	1月	基本设计		与日本设计的JV开始基本设计
	4月			▲与容积相关的说明展示 — 阅览区变为直线形。
	7月			▲在空地参观现场
	8月			▲讨论停车场入口的说明展示 — 布局基本和现行形式相同。
	9月			
	10月	实施设计	内装设计	
	11月			▲讨论建筑内空间 — 确认阅览区的容积和阅览区与店铺的连接。
2014年	1月			
	2月	施工		
	3月			▲讨论阅览区空间 — 用1:20的模型决定卖场空间布局计划。
				▲参观现场(搭建结构材料)时确认空间构成
	11月			
	12月			开业(12日)

借鉴代官山T-SITE的经验,事务所设计的空间构成以阅读区为中心。并留出专门的时间来讨论杂志区的规模感和布置等。

与上次在基本设计投标中获胜不同,这次KDa是受到了CCC集团的合作企业SO TWO的委托。KDa从提出包括用地在内的周边开发、运营方案阶段就参与其中了。项目决定后,除了日本设计公司与JV设计联手推进的建筑设计外,他们还担任了综合设计指导、室内设计等一系列工作。

项目的目标是"与代官山T-SITE相同,以摆放杂志和书籍的阅览区为中心,建造一个不同于家和职场的空间,即舒适的'第三场所'。"(戴瑟姆);另一方面,代官山的项目中,购物和饮食的出租店铺都被安置在另一栋楼里,而这次则是全部集中在同一栋建筑物内。设计的关键就是书店与店铺相辅相成创造出空间。提案阶段时的方案,是将环绕式阅读区与T字立面的建筑相连。之后讨论过结构上的效率等问题后,方案更改为直线形阅读区贯穿门形主立面的形式。

在这些变化过程中,事务所一直注意如何继承代官山T-SITE的优点。"我们和CCC集团都很喜欢代官山T-SITE的空间。所以我们都希望能继承它的优点。"(克莱因)因为方向性已确定,所以在展示中,事务所的着力点成了

与运营方在实现目标空间方面产生共鸣。

实地视频与同一时间下的模型照片

这是截取增田社长重视部分的模型照片,例如停车场标志和建筑物入口的效果等。事务所还配上了视察现场时拍摄的视频,使得效果更加立体。同时还有低视线的照片。

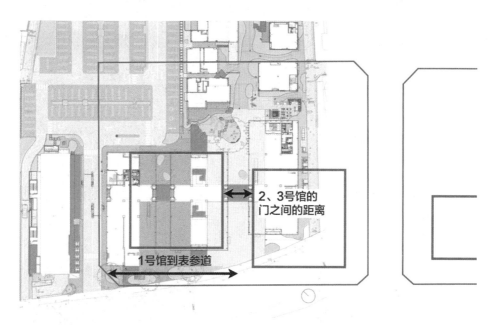

建筑物之间留出室外空间，创造方便行走的距离感

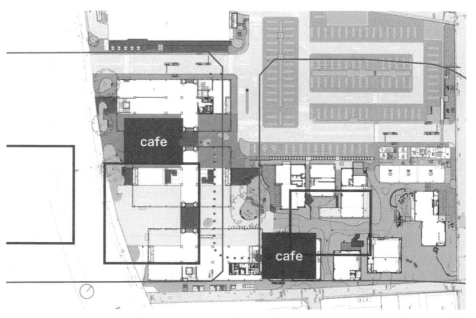

从杂志区的出入口到星巴克的距离感

设计者在代官山T-SITE的布局图上，用红线画出了湘南T-SITE的用地分界线，用蓝线画出了建筑物的计划大小。通过与相关人员都熟知的建筑做对比，使客户对规模的想象变得更加容易。

完成后的阅读区。书架轴线的尽头，设置了能够照进光线的通风口。书架间隔的后面，是书店卖场及无分区出租店铺的空间。

相连的 3 栋建筑面积为 4572 m²，约为代官山 T-SITE 的 2 倍。KDa 试着通过与代官山 T-SITE 做对比，让客户能够实际感受到湘南 T-SITE 的空间规模与距离感。

基本设计阶段在 2013 年 4 月，事务所准备了几张在代官山 T-SITE 布局图上画有此次用地大小和建筑物轮廓的图纸。图中标注了代官山 T-SITE 基地道路的街道长度、楼与楼之间入口的距离等，比较了项目的轮廓线。目的是以客户所熟知的尺寸为基础，让他们了解此次项目的规模。

2013 年 7 月末，CCC 集团的增田宗昭社长等相关人员视察了现场。事务所解说了建筑的大小和布局，努力与客户在停车场标志的展示等具体问题上达成一致。

8 月，在针对建筑物进入方法的商讨会上，事务所利用现场视察时拍摄的视频确认了建筑物和停车场向导标志的展示效果。一边播放奔跑着靠近用地的动画，一边插入了到达某一地点时相同视角下的模拟照片。这也是根据现场视察时获得的"双方共享的信息"来补充的效果。

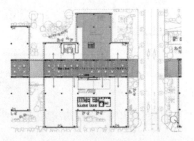

计划的重点是围绕阅读区轴线的空间构成。事务所运用三维CG，一边对根据使用者活动而变化的空间效果，以及小物件的摆放进行确认，一边讨论了各部分卖场与外部空间的连接。

用实质性的模型做比较讨论

用1：20的模型做比较

2014年3月，事务所在包括其他项目责任人在内的CCC集团社内报告会上，提交了3种模型以供讨论。

准备三种1：20的模型

进入内装设计阶段，就需要讨论更加细节的事项。其中，项目主干的阅读区就是重要的主题。KDa以模型为主展开了讨论。

此次项目中的阅读区"不仅能够作为书店的卖场，还是设施整体的动脉，通往出租店铺的入口"（CCC集团执行董事兼湘南T-SITE馆长镰田崇裕）。2014年3月正式招揽店铺前，KDa带着三种长度为4.5 m的1：20模型，与相关人员一起举行了商讨会。

三种方案分别是，将与阅读区直接相交的墙面书架错开排列方案，仿照鸟居排列方案，以及最终被采用的在阅读区各处设置箱型空间方案。模型中配置了张贴书籍复印件的墙面、平置台、圆形照明架等。在讨论过来馆者视线、店铺吸引性等问题后，CCC集团选择了现在的方案。

镰田馆长说："比起容易倾向于展示空间优点的透视图，模型更容易确认细节。"KDa的展示重视与客户产生共鸣，也是他们正面回应客户在现实角度的要求。

运营方的看法

镰田崇裕
（CCC集团执行董事，
湘南T-SITE馆长）

探求共同价值观的态度令人安心

以前在代官山T-SITE的计划过程中积累的共同体验，在推动此次计划时发挥了很大的作用。

经营一般商品的TSUTAYA书店，与他们拿手的前卫设计风格的定位有些不同。但是我们在代官山计划时，以希望什么群体的客人来店、创造什么样的空间为出发点，不断进行讨论。此次也是同样，我们一同探寻解决方案，包括周边设计在内，KDa注入了大量的心血，让人不禁想到"竟然会为我们腾出这么多的时间来"。他们探求共同价值观的态度让我们感到安心。

讨论空间的联系与规模感

① 采用案

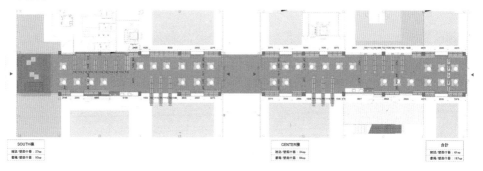

② 采用案

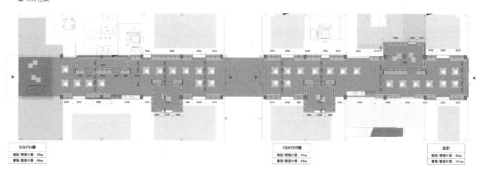

③

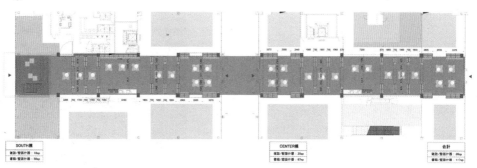

与1:20的模型同时制作的杂志区平面图。通过比较书架的连续性、更加舒适的空间规模、与邻接店铺的联系性等因素，最终采用了中间的方案。

通过亲自实践
获得"认同"的方法

风格

语言要简单

　　马克·戴瑟姆在谈到展示的时候说："我们想避免设计者经常使用的晦涩的语言或表达。"

　　下面以2015年3月开业的"Q广场原宿店"（东京都涩谷区）为例。这是由KDa担任外观设计的建筑，建筑外观被白色的竖鳍板所覆盖。特点是鳍板的一部分被涂上了颜色，使得建筑从原宿方向看是粉色，从涩谷方向看是绿色。

　　设计者一般可能会采用抽象的语言说明这种多样的效果。但是阿斯特里德·克莱因却在开馆仪式的演讲中，用了"以结婚蛋糕为原型"这样的表达方式。因为建筑内部也设有结婚礼堂，这种表达正好与礼堂相得益彰。

　　克莱因这样解释为何使用"结婚蛋糕"这一比喻："这是普通人利用的建筑，所以选择简单易懂的语言能够让更多人接受。"

　　话虽如此，KDa 想在外观上实现的，并不只是简单易懂的表达。"我们想要消除建筑物与周围的街道因为坚硬的墙面而相互碰撞的关系。"因此，KDa 墙面上覆盖了一层立体的鳍板，目的是为了创造出介于建筑物与周边街道间的领域，使建筑与街道相融合。

　　但是 KDa 并不打算在展示中大力宣传设计者角度的思考方法。"不借用语言，而是用图纸和模型让对方理解我们的想法，这也是十分重要的。"

　　他们特别重视模型。"我们设计的建筑物是三维的，用二维 CG 展示的话无论如何都有些虚假。"（克莱因）他们在 Q 广场原宿店的投标中就提交了模型。他们展示了在立体感及摆动上具有变化的鳍板效果，以及鳍板会给建筑外观带来怎样的效果等。客户通过从各种角度观察模型，最终也理解了建筑的空间特性。

　　KDa 在注意使用简单表达的同时，也不过分依赖语言。这种平衡感，支撑着 KDa 的说明展示。

用鳍板轻轻覆盖

Q广场原宿店，位于明治大道和表参道的交叉点附近。客户要求外观设计要有标志性。低层设有结婚礼堂。KDa从女性顾客角度出发设计了店铺构成，在说明展示时将外观比喻成"结婚蛋糕"。同时他们还注意表现出符合原宿氛围的明朗和温柔。

完成后的建筑物。一部分白色鳍板上有颜色，从原宿方向看是粉色，从涉谷方向看则是绿色。

用模型让客户确认外围的鳍板效果。建筑物中使用了大撤的绿色。

在事务所内设置确认工具

　　KDa 在设计建筑或装修时，常使用大胆的颜色或图形。但是在日本，设计虽然重视素材感，但有很多人不喜欢使用个性鲜明的颜色或图案。KDa 是如何获得客户对图形式方案的理解的呢？答案就在他们所在的位于东京惠比寿的事务所。

　　我们进入事务所内，繁杂的物品一下子就映入眼帘。黄色的地板、黑色的茶水、橙色横条的墙壁上挂满了各种图样。窗边摆放着巨大的盆栽，到处都有用于展示会的照片和有趣的摆件。

　　克莱因说："这是我们长时间办公的地方，所以聚集了很多喜欢的东西。这里不是利落风格的空间，而是谁都可以感到轻松的场所。"

　　让人无法忽略的是，事务所为了与客户顺利进行讨论，在室内设置的各种小机关。

　　例如，墙角和天花板突出的房梁上，标有箭头和 19780、360 这样的数字。这是为了表示这间房屋"墙壁与墙壁间的距离""房梁下端到天花板的距离"的尺寸。设计过程中，让客户掌握空间容量是十分重要的。所以事务所就让客户亲自感受实际室内空间的大小，帮助客户理解。

　　事务所还给我们讲述了这样的体验。他们在设计某家事务所的内部装修时，提出了绿色地板的方案，对方犹豫了。原因是客户对大面积的地板用鲜亮的颜色感到不安。事务所说明"我们的办公室地板就是黄色的"之后，对方吃了一惊，因为他们已经去过事务所多次，却从没有注意到过这一点。

　　习惯了朴素颜色的建筑和内装的日本人，大多很难想象大胆用色的空间。克莱因说："让他们实际看一看地板和墙面后，就会发现其实这些大胆的颜色一点都不突兀。"

　　事务所还整理了能够迅速展示图纸等资料的环境。包括克莱因在内的多名员工，都可以用自己的电脑调出图纸和照片，并投影在商讨用的电视画面上。他们使用的是 AppleTV，用无线 LAN 将电脑和电视接在一起，以实现迅速展示。

　　KDa 经手的项目里，有很多是商业设施或

IT 企业办公室等高端客户。即时向对方出示必要的资料，也是增加方案说服力和获得信赖感的要素。

商讨用空间也有说明工具

让客户在事务所内实际感受颜色和尺寸

事务所的内装有各式各样的小机关，为的就是让客户理解颜色使用和尺寸大小。黄色的地板其实并不显眼。墙壁和房梁上，标有室内各部分的尺寸（照片：本书编委会提供）。

与伊东丰雄建筑设计事务所共同设计的"相马儿童之家"。事务所在空中拍摄了使用小端断面木材搭建的屋顶构架。

用心动体验提高士气

克莱因和戴瑟姆都表示："我们希望能给大家带来欢乐。为此炒热项目的气氛也很重要。"

在建筑完成之前，事务所经常会与客户之外的人有往来。除了设计合作者与施工者外，在公共设施中，使用者参加进来的情况也不罕见。为了促成项目成功，KDa 积极地组织了能够提高各方士气的活动。

最近 KDa 经常使用的是无人机。他们用不到 15 万日元购入了能简单操作的无人机，从空中拍摄施工中的现场照片并展示给相关人员。在 2015 年 2 月完工的福岛县相马市的"相马孩子之家"项目中，事务所也在搭建木屋顶阶段用无人机拍摄了照片，增加了关注项目进展的人们的信心。

2015 年 4 月，在成田国际机场第 2 航站楼开始投入使用的洗手间"回廊 TOTO"计划中，事务所于施工阶段在洗手间入口周围的外墙播放了影像作品。影像中，绿色、蓝色与紫色交错变化的背景中逐渐浮现出人影，而人影又会慢慢变成"TOTO"的字样。事务所希望施工者在了解完成之后的具体效果后，增加信心。而事实上，施工者确实在"工作的余暇饶有兴趣地观看了影像"，这让事务所感到满足。

这些"小机关"所带来的效果，是不能量化的。但是 KDa 坚信，让相关人员心动的体验，能够成为创造理想空间的动力。

施工中播放影像

成田国际机场第2航站楼的"回廊TOTO"施工现场。事务所提前为正在施工的工作人员播放了预定在竣工后使用的影像。

山梨知彦
日建设计

事例学习
On the water：
培养伙伴意识，引出客户的冒险欲望

风格
连接四方利益推动说明会顺利进行
· 连接"客户、设计者、公司、社会"
· 只要有道理，不惜"放手一搏"
· 丢掉策略

山梨知彦：1960 年出生于日本神奈川县。1984 年毕业于日本东京艺术大学美术学部
建筑专业，1986 年毕业于日本东京大学研究生院工学系研究都市工学专业，进入日建
设计。2016 年开始担任常务执行董事、设计部门副总管。担任的设计有"木材会馆"
（2009 年）、2014 年获得日本建筑学会奖的"NBF 大崎大厦（旧索尼都市大厦）"（2011
年）等。

On the water：
培养伙伴意识，引出客户的冒险欲望

引入湖水，创造薄层重叠的外观

实施设计阶段的外观模型。山梨计划将中禅寺湖的湖水引入中庭，建造一个仿佛浮在水面之上的空间。他在讨论设计过程中活用BIM及模拟解析等方法，而在发表展示时则多用"作为直观物体能方便对方理解效果"的模型。

日建设计的山梨知彦（常务执行董事）迄今为止，通过大胆的结构和前卫设计彰显着其实力。2015 年 7 月，栃木县日光市的中禅寺湖岸边的迎宾馆"On the water"项目完工，其引入中庭的湖水上的、屋顶、地板轻薄重叠的外观设计给人留下了深刻印象。

山梨是在设计过程中与客户的对话里获得的灵感。他说："不能只说明设计的目的。如何与客户在目标上达成一致也非常重要。"

企业迎宾馆项目

2011 年春，山梨受到某个上市企业的委托，设计一个迎接世界各国来宾的迎宾馆。他在 3 月 3 日进行的第一次说明会中，提交了建筑的大致体积和布局方案。

On the water

所在地：	栃木县日光市中宫祠
主要用途：	住宅
地域、地区：	自然公园第二特别地域，名胜地域
建蔽率：	48.34%（容许60%）
容积率：	56.75%（容许200%）
基地道路：	东9.8 m
停车数：	2辆
用地面积：	1325.16 m²
建筑面积：	640.5 m²
展开面积：	751.92 m²
结构：	混凝土造，钢筋混凝土造，一部分钢造
层数：	地上2层
设计、监督管理者：	日建设计
设计合作者：	冈安泉照明设计事务所
施工者：	东武建设
施工合作者：	日神工业，HITEC
设计时间：	2012年11月 — 2014年2月
施工时间：	2014年6月 — 2015年7月

融入湖水与山峰的景色中

SECTION 1:500

不均质的螺旋设计中，没有相同的利用方式。客人可以寻找自己喜欢的场所，像猫一样随意站立、躺卧、睡觉。

2014年6月，开始施工后制作的剖面图（一部分）。山梨在控制建筑体积的同时，确保了从东边（右）向湖水眺望的视线。建造"对环境影响小的建筑"，遵循了计划伊始就定下的方针。（资料、照片：至224页为止，除特别标记外均由日建设计提供）

2011年9月的运营设想布局计划

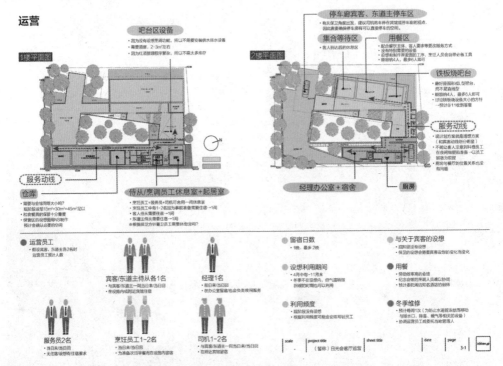

当时的计划目的是为了迎接世界各国前来的贵客，建设一座最高级别的迎宾设施。事务所的预想是让顾客在此度过一个可以享受观光和高尔夫球娱乐的周末，因此提出的布局计划中，包含烹调、服务、司机等员工的动线，以及根据贵客行动不同所采取的保安隔绝等内容。

用地西面靠近中禅寺湖，比东侧的基地道路低7m左右。山梨在比较了4种模式的布局后，提出了在低于道路的水边建造2层建筑的方案。建筑内部构成为：上层的主入口、餐厅以及下层的会客厅和酒吧。

"用地内的原设施体积很大，从道路看向湖边的视线被遮挡。我们将新设施设计成低层建筑，并建在湖边，这样就会减少建筑对环境的冲击。从一开始我们所追求的效果一直就是客人沿道路来到迎宾馆，在下车的一瞬间，就可以眺望广阔的中禅寺湖。"

在布局设计中，山梨的设想是客人从东京都内出发，傍晚时分到达迎宾馆后，在这里度过两天三夜的愉快周末。他也验证了与此日程相对应的运营动线和人员配置。他画出了精密的透视图与客人共享效果，图中，在上层的餐厅，客人可以透过玻璃眺望湖面。随着商讨会的进行，事务所进一步讨论具体的使用方法，还提出了将面向湖和森林的两间会客厅分成四间的方案。

2011年9月：重视眺望中禅寺湖的景观

向最初的客户提示的客厅室内透视图。事务所从当初的计划开始，就一直坚持通过大开口的玻璃眺望中禅寺湖风景的设计。

2011年10月：沿湖边叠加宾客用空间

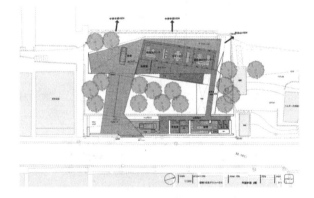

1楼平面图：利用2个宾客室的情况

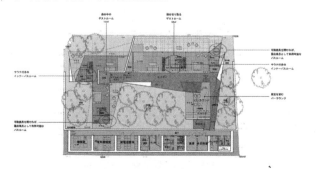

这个时期的计划中，宾客用空间与面向中禅寺湖的西（上）侧邻接，东边的道路一侧则是运营用楼。事务所在将会客厅分为两室的时候，也预想了分成四室使用的方案。

2013年2月：移动护岸的引水方案诞生

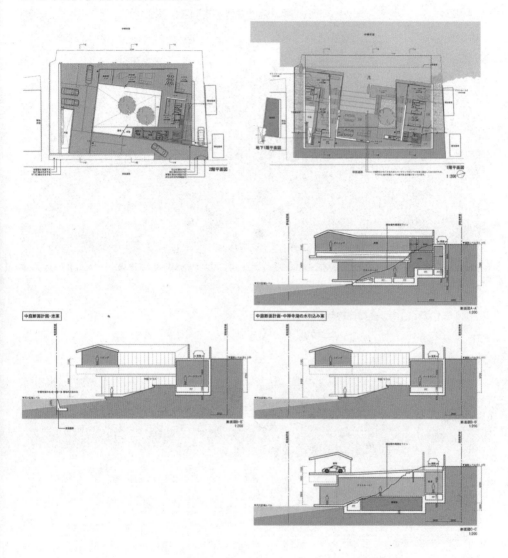

2012年11月与新客户的计划开始了。基于更改护岸位置的要求，次年2月，山梨提出了将中禅寺湖水引入建筑物下部的方案。这与在视觉上提升水面和建筑的一体感、建造湖水稳定的温热环境的计划相呼应。下层设计为コ形。两个会客厅之间保留一段距离，使宾客能够享受各自的安逸时光。

建造融入自然环境的外观

随着计划的进展，设计者对外观也进行了细微的调整。上面的CG图于2013年12月实施设计定型后制作而成，下图则是在2014年6月开始使用后制作而成。设计者在方案中控制了道路两旁看到的建筑物高度，创造了面向潮面的开放性空间。

接受自然气候

2011 年 10 月，建筑构成已确定，但项目却在这时遇到了一个大的转折点。项目因为客户方面的原因而被中止，并放弃了建筑用地。但原客户卖了项目，包括设计图纸在内，所以后来有喜欢该设计的客户购买了土地，项目得以继续进行。

2012 年 11 月，山梨向新客户进行了设计展示。他认为"虽然对方对之前的设计感到满意，但要求和条件应该会有些变化。所以我请求客户让我重新提案"，之后在说明了设计目的后，确认了客户的要求。之前的项目中，使用期设定在春季到秋季，而新客户希望限定在夏季。在此基础上，山梨修改了设计。

有两点要素产生了大的变化。

首先，之前的方案中沿湖面并排的会客厅被酒吧分割开来。这是为了让两组宾客能够分别享受各自的休闲时光。随着布局的变化，入口经客厅、餐厅、吧台到会客厅的空间构成，也变为地板高度逐渐降低的无阻碍螺旋状空间。

另外，位于建筑用地内的湖岸的位置变更获得了相关部门的许可。这样就可以将湖水引入建筑物下面，一下子就拉近了建筑与湖的距离。山梨打算坚持"利用稳定的水温调整建筑的温度环境，利用贯通的室内空间作为风的通道"计划。他利用 BIM 检验从单个房间内看到的风景，调整了房间布局角度、地面高度、窗户大小等。为了让湖面吹来的凉风穿过室内，他还利用流体力学研究了屋顶的形状和角度。

一句"寒冷也是自然的恩惠"获得突破性进展

这时，客户的一句"寒冷也是自然的恩惠啊"，为山梨带来了灵感。他想到原来接受夜晚的寒冷，也是利用中禅寺湖的地理条件享受"惬意"的一种态度。所以他放弃了嵌板式电暖器，而换成了在酒吧旁安置壁炉的设计。这样一来，怕冷的人可以前来取暖，而不怕冷的人就可以远远地观赏壁炉了。

酒吧周围摆放的不是沙发，而是日建设计的负责人设计的坐垫。这样就为宾客创造出了一个在大自然面前可以自由躺下休息的舒适空间。

初期时由山梨负责向客户说明，中途就变成了日建设计的负责人负责说明，而山梨则和客户一起听说明会。他说："我和客户变成了可以一起搞恶作剧的关系。"培养能够共享一个目标的关系，也有利于提高设计的精度。

享受湖面景观

通往主入口的道路。里面是客厅和用餐室。窗户安装的是高 2.1 m，长 10 m 的整块玻璃，宾客能够在此享受眼前开阔的风景。

用BIM制作的模拟情形反映效果

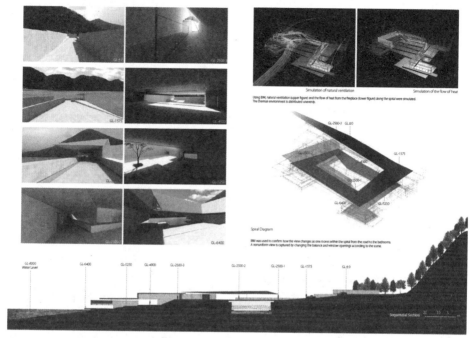

上层的入口至下层的会客厅空间呈螺旋状。山梨利用BIM检验了景色的视野、空气的流动和温度环境等，在此基础上决定布局、高度和细节部位的形状等。在面向客户的说明展示中也提出了建筑形状的设计根据。

在"暖炉火"旁享受中禅寺湖的夏夜

完成后的吧台。夏夜寒冷的问题可以靠吧台对面的壁炉来解决。事务所刻意在风格简单的室内准备了坐垫，以方便客户放松身心。

连接四方利益
推动说明会顺利进行

风格

连接"客户、设计者、公司、社会"

在依靠客户资金推动的建筑项目中，很多设计者都会犹豫是否应该表达出自己的见解。而大型设计事务所则更会有此顾虑。

但是山梨知彦会将自己想着手去做的事毫无保留地传达给客户。"设计的时候，我的内心总有一种'想要创造这样的事物'的冲动，这基于以往我所坚持的主题和个人直觉。为了赋予建筑应有的意义，我作为设计者必须表达出自己的想法。"

山梨为客户展示的当然不止是想法。"我们想做的事情，日建设计这一组织投身项目的意义、为客户创造的价值、社会功能，只要向客户表示我们的设计能同时满足这四个条件，就能够和对方达成一致。换言之，项目成立与否，取决于我们能不能制作出把这四个'团子'串成一串的设计。虽然这是一件很困难的事，但肯定有连接这四方的诀窍。"

在前面介绍的迎宾馆"On the water"里，客户的一句"寒冷也是自然的恩惠"就成了连接的关键。

迎宾馆项目中，事务所通过将湖水导入会客厅下方，来调节室内的温度环境。在客户说出前文那句话后，山梨更加坚定地贯彻了这一方向。他撤除了人工安装的空调设备，创造出了一个宾客能够直接享受自然的放松空间。这是高超的设计水平结合客户的要求、山梨"希望创造建立于水面上的空间"的想法、将环境负荷控制在最低限度的社会责任、日建设计独有的活用 BIM 的设计方法这四者的杰作。

2010 年 11 月开馆的"保木美术馆"（千叶市）项目中，事务所也努力实现了四方的利益。

设计的出发点是"方便走动的展示室。建造一座让人一目了然的美术馆，走在外面的人可以轻松走进的建筑"。因为用地和综合公园邻接，所以有严格的容积率限制。在这些条件下，事务所的目标是有效确保客户所希望的展示墙长度，同时保证建筑作为美术馆可以一目了然。讨论的最终结果是，一端固定钢板结构的筒形展示室，使其架空凸出 30 m 左右。

保木美术馆

所在地：	千叶市绿区安住之丘
主要用途：	美术馆
用地面积：	3862.72 m²
建筑面积：	1602.39 m²
展开面积：	3722.39 m²
结构：	钢造，混凝土造
层数：	地下 2 层，地上 1 层
客户：	保木美术馆
设计：	日建设计
设计合作者：	S.L.D.A（照明设计）
	静冈大学·川上福司（音响咨询）
施工者：	大林组
竣工：	2008 年 8 月

保木美术馆的初期说明展示。事务所在和客户达成一致的过程中，展示了手绘速写、概念模型，以及 3D 打印机制作的局部模型等。

大胆的设计诞生于四要素的连接

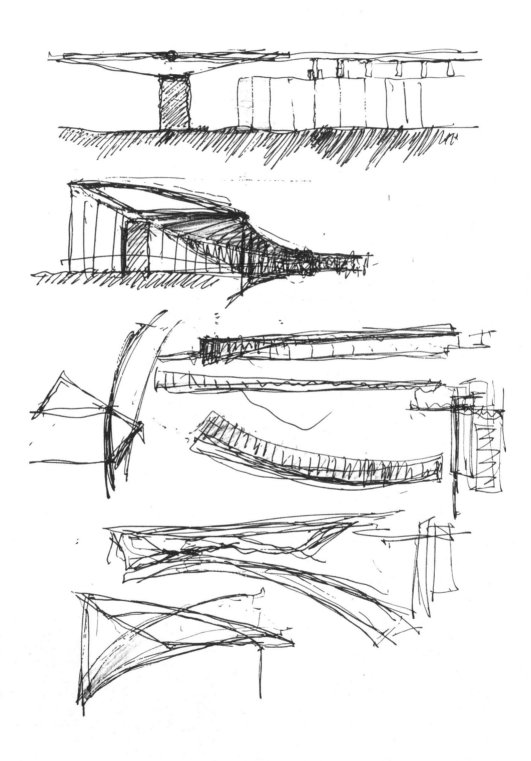

山梨对美术馆的设计是这样说明的："对于地方美术馆应该如何吸引路人、振兴城镇，我们提供了一种方案。这种设计态度也继承了日建设计的传统。"这个项目中，实现四方利益的建筑追求就与大胆的创意结合在一起了。

只要有道理，不惜"放手一搏"

公共设施的投标中，招募简章是对设计的硬性要求。如果上面再附加上参考例子的话，那么设计者提出相反的提案就需要足够的勇气了。

在 2012 年 3 月举行的长崎县政府新办公楼的投标中，包括日建设计在内的公司被选为最优秀提案者。山梨所率领的设计小队提出的是低层方案，与简章中所要求的 18 层建筑的基本结构大相径庭（本页右下图是 8 层建筑的基本设计）。

经过东日本大地震，山梨感觉到发生大地震时，层数少的政府办公楼更加合理。"政府办公楼是震灾发生时的避难点，即使停电人们也能够尽快共享信息。这一点十分重要。另外，用地面朝长崎港，而背后又有历史悠久的观光地和丘陵。因此在这样的地理条件下，应该尽量控制建筑物的高度，展示自然和历史的风景。"

投标中，山梨还举例说明了低层建筑的其他优点。首先，可以提高建筑物的有效率。削减地板面积、外装面积可以节省建设成本，还可以减少热负荷。而在外侧环绕露台，则可以增加使用年限。此外，他还提出了让建筑与旁边的绿地广场连接，从而创造出热闹的景观。山梨回忆说："复审有意见听取会，所以我准备说明会的时候努力制作了能获得市民认可的内容。"

其他两家公司，都遵循简章所举例要求的，提交了 18 层政府办公楼方案。审查委员针对日建设计的方案，提出了有关低层建筑缺点的问题。设计小队展示了处理方案，即将办公楼的重要功能部分设置在海啸预测高度之上，并说明了维持长崎特色景观的重要性。

最终评委会对该设计提案的"未来志向"评价颇高。因为提案考虑到了低层能够节省建设成本，其高度也具有适应环境共存、顺应时代

变化的灵活性。"我们也算是孤注一掷了，但我们从来都不想放弃低层这个想法。对日建设计来说，这是一次勇敢的挑战。"山梨的"放手一搏"最终成功了。

长崎县政府新办公楼

所在地：	长崎市尾上町
主要用途：	政府办公楼
用地面积：	30 182.30 m²
建筑面积：	12 527.31 m²
展开面积：	53 263.24 m²
结构：	混凝土
层数：	地上8层
客户：	长崎县
设计、监督管理者：	日建设计、松林设计事务所、池田设计、艺术·企划
施工者：	鹿岛、堀内组、九电工、新菱冷热工业、日本冷热等
竣工：	2017年（预定）

事务所在基本设计阶段制作的长崎县政府新办公楼的布局图和外观透视图。建筑由行政大楼、议会大楼、停车场楼构成。8层的行政楼外围是露台，方便日常保养和灾害发生时能使用。新办公楼隔一个防灾广场就是县政府办公楼，其反方向建有警察大楼（设计：山下设计、建友社设计、有马建筑设计事务所JV）。

特意用低层方案来取胜

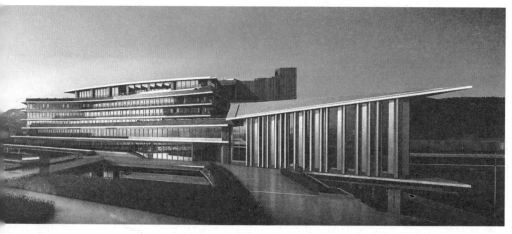

获得 50 名土地所有者的认同

丢掉策略

山梨说："说明会重点不在于展示，而在于交流，所以我们非常重视与客户达成一致。"

他为我们介绍了"饭田桥快速大厦"项目，这是他思想发生转变的契机。这是一个位于木造密集街区的再开发项目，大楼为复合建筑，9 层为止的低层都是店铺与事务所，10 层到 14 层则是集合住宅。直到 2005 年竣工为止，耗时 10 年，山梨参加项目时只有 29 岁，在建筑竣工时已经40 岁了。

因为项目中有约 50 名土地所有者，所以设计者只是单方面传达自己的想法，很难获得认可。事务所必须要和土地所有者保持交流，并找出大家都能接受的方案。

1994 年 12 月，发生阪神大地震的 1 个月前，事务所提出的"中间层免震"成为突破口。"集合住宅的墙壁采用 RC 结构（以混凝土为主要构材的湿式结构法）的话，就比较容易满足大家对房屋的要求。而事务所要建设成无支柱的大空间。如果在集合住宅和事务所的楼层之间建造免震层，将这两部分结构分开，就可以实现各自的利益最大化。"看过提案的运营方负责人表示"这样就可以达成一致了"后，山梨感觉"大家都能够接受的设计"是可以成功的。

该项目已过去 20 多年，山梨也从设计者变成了管理者。随着职务的变化，他的思想也由"客户与自己"转变为"日建设计"与"社会"。逐渐有了实现各方利益意识的山梨，现在会随时注意"丢掉策略，推动说明会顺利进行"。

饭田桥快速大厦/快速大楼饭田桥

所在地：	东京都文京区后乐 2 丁目
主要用途：	事务所、集合住宅、商业设施
用地面积：	8985.52 m²
建筑面积：	5405.38 m²
展开面积：	62 946.87 m²
结构：	混凝土、钢筋混凝土
层数：	地下 2 层，地上 14 层
客户：	后乐 2 丁目东地区街区再开发工会
设计、监督管理者：	日建设计
施工者：	鸿池组
竣工：	2000 年 5 月

立面图。建筑分为两个名称，包括免震层在内的 9 楼为止，即事务所部分是"饭田桥快速大厦"，而 10 楼到 14 楼的共同住宅部分则是"快速大楼饭田桥"。进入共同住宅，需要通过建在免震层上面的空中庭园。